Superorganismo Universal. Una Teoría de la Evolución hacia la Complejidad

Edwin Francisco Herrera Paz, MD

DEDICATORIA

A todos los que incansablemente persiguen el conocimiento de la verdad, en cualquiera de sus manifestaciones.

CONTENIDO

Introducción. Complejidad y vida

"La vida es muy simple, pero insistimos en hacerla complicada."

— Confucio

Al tratar de definir lo que es la vida, muchas veces nos encontramos con el dilema de su complejidad. Definir a cabalidad el término "vida" es sin duda una tarea ardua, que se complica aún más cuando tratamos de diferenciar entre lo que está vivo y lo que no lo está. Sin duda podemos estar de acuerdo, aun sin contar con amplios conocimientos científicos acerca de los fenómenos biológicos, que una roca sedimentaria no está viva mientras que un pájaro que vuela por el cielo sí lo está. Si bien nos resulta obvio que la cama en la que reposa nuestro cuerpo no tiene vida, somos prontos a reconocer que nuestra querida mascota, sea esta una tortuga, un canario, un gato o un perro, si la tiene. La distinción entre estos elementos parece bastante simple, pero de repente surgen complicaciones una vez que nos acercamos a los límites que definen lo que llamamos vida.

Los virus, como forma de vida, son quizá los organismos biológicos más antiguos, reliquia de un mundo prebiótico. Cualquier virus sólo posee un tipo de ácido nucleíco, ya sea ARN o ADN, a diferencia del resto de todas las criaturas vivientes conocidas, que tienen ambos. Los virus son incapaces de multiplicarse por sí mismos y para lograrlo deben secuestrar la maquinaria de otro organismo vivo con el fin de hacerla producir sus clones. La estructura vírica es bastante simple: son máquinas moleculares compuestas de un conjunto de proteínas y un ácido nucleíco. Pero entonces surge la pregunta: ¿Son los virus organismos vivos?

He aquí otro ejemplo: Las plaquetas se encuentran en el torrente sanguíneo y son las estructuras encargadas de la coagulación de la sangre en caso de hemorragia. Forman parte de la fracción sólida (celular) de la sangre del ser humano y de otras especies. Dentro de esta fracción también encontramos las células blancas o leucocitos, responsables de gran parte de la actividad inmune, y las células rojas o eritrocitos, cuya función principal es transportar el oxígeno desde los pulmones a los tejidos periféricos. Estas tres estructuras (plaquetas, leucocitos y eritrocitos) se originan todas a partir de una célula madre progenitora que se encuentra en la médula ósea. Para dar lugar a las plaquetas una célula madre normal se modifica, transformándose en otra célula llamada megacariocito. Esta última se fragmenta en múltiples trozos convirtiéndose cada uno de ellos en una plaqueta. Por lo tanto las plaquetas no son células sino fragmentos de células. Así que de nuevo surge la pregunta: ¿Son las plaquetas organismos vivos?

Podríamos pensar que estos tipos de organismos se encuentran en el límite de nuestra definición de la vida, pero no es así. Los virus, evolutivamente, necesitaron un gran número de pasos intermedios a partir de la materia inerte antes de convertirse en lo que son. No es difícil poner a las plaquetas y los virus en el mismo saco de los seres vivientes. Sin embargo podemos continuar bajando por la escalera evolutiva hasta acercarnos a las primeras moléculas complejas auto-replicantes, y una vez allí preguntarnos: ¿Son las proteínas y otras moléculas biológicas organismos vivos? Por supuesto que no, pensará usted, pero si pudiésemos reducir nuestro tamaño con el fin de pasar un día en una célula promedio, en el pequeño mundo de las proteínas, tal vez nuestro concepto de lo que está vivo se vería drásticamente modificado. La actividad dentro de una célula es intensa, con una gran variabilidad de proteínas realizando los más diversos tipos de labores, cooperando unas con otras como los trabajadores de una fábrica. Si pudiésemos vivir en este mundo por solo un instante tal vez nos preguntaríamos qué es lo que nos impide la inclusión de estos "seres" en la categoría de los vivos. Tal vez entonces nos sentiríamos proclives a cambiar los parámetros que consideramos que un elemento debe tener para ser considerado vivo.

¿Entonces que es realmente lo malo con nuestra categorización de lo que está vivo y lo que no lo está? Podemos achacar la culpa a las restricciones del lenguaje. Utilizamos el término vida, al menos en nuestro ámbito terrestre, para un gran número de organismos de alguna forma emparentados entre sí, relacionados por la misma química del carbono y una forma común de codificar la información (el código genético). Dentro del término "vida" se incluyen organismos tan diversos como un roble, un gusano, una bacteria o un ser humano, sin distinción alguna. Yo no diría que una de las células de la piel de la punta de mi dedo gordo del pie (primer ortejo) está menos viva que YO, tomándome a mí mismo como una unidad. Ambos somos seres vivos. Pero nuestra psiquis hace distinciones importantes entre ambos, las cuales tienen implicaciones conceptuales y morales trascendentales. Por ejemplo, no se considera un crimen acabar con la vida de una célula del cuerpo, de las cuales tenemos un estimado de entre 15 y 50 billones, pero una vida humana es muy valiosa y para ello existen cuerpos de leyes que nos protegen de la mutua destrucción.

Se hace evidente que la dualidad "vivo / no vivo" es insuficiente para cubrir el amplio espectro que va desde las partículas inanimadas hasta las complejas comunidades humanas o de insectos sociales, pasando por los organismos inteligentes. Entonces, ¿cómo llenar este vacío conceptual? ¿Cómo podemos cubrir nuestra necesidad intuitiva de clasificar algunos organismos como "más vivos" que otros a pesar de la restricción en el lenguaje? El término vida es cualitativo y no cuantitativo, por lo que para salvar este obstáculo utilizaremos en adelante el vocablo "complejidad".

Complejidad no es la palabra trivial sugerida un su uso diario. Cuando experimentamos dificultades para resolver problemas matemáticos decimos que "son muy complejos". La complejidad de los problemas matemáticos se deriva de la cantidad de esfuerzo que se necesita para llegar a una solución, por lo que un sinónimo adecuado del término en los asuntos de la vida cotidiana sería "complicado". Sin embargo, en los campos de la ciencia, complejo y complicado no es lo mismo. Complejidad es un término que se aplica a ciertos tipos de sistemas llamados no lineales, formados por una variedad de elementos interconectados. En estas conexiones se encuentra una gran cantidad de información adicional, invisible cuando solo se observan los elementos por separado. Como resultado de las interacciones, surgen nuevas propiedades que no se pueden explicar por aquellas de los elementos individuales: las denominadas propiedades emergentes. Aunque es posible analizar el grado de complejidad de un sistema basándonos en una variedad de parámetros, para los fines de esta introducción voy a mencionar cuatro, tal vez los más importantes. En orden ascendente: 1) El número de elementos del sistema, 2) El número de diferentes clases en las que se agrupan estos elementos, 3) El número medio de relaciones entre los elementos, y 3) los niveles estructurales del sistema.

Tomemos como ejemplo el proceso de comunicación entre las personas. Dos personas conversando forman un sistema, pero sólo tenemos dos elementos, y ambos del mismo tipo, por lo que su grado de complejidad es bajo. En comparación, una reunión de la junta directiva de una empresa es un sistema más complejo que cuenta con un mayor número de elementos, algunos de los cuales se especializan en labores específicas. Un cóctel diplomático donde hay pequeños grupos de personas conversando tiene un mayor número de elementos, pero el número de clases de elementos (diplomáticos) y el número de relaciones entre cada uno de estos elementos es aún baja. Un foro sobre política en Internet, sin embargo, se basa en la opinión de muchas personas de diferentes ocupaciones, y en este caso todos los usuarios pueden leer e interactuar con muchos otros usuarios. En el último caso el número de relaciones entre participantes es mayor, aumentando el grado de complejidad. Con el fin de determinar la complejidad de un sistema el número de relaciones entre los elementos es aún más importante que el número de elementos.

Los sistemas de comunicación humanos antes mencionados son relativamente simples ya que su estructura es plana, sin niveles. Una red plana parece muy simple en comparación con una estructura de varios niveles. Dentro de las redes simples planas, todos los elementos están ubicados en el mismo nivel y los grupos de elementos no forman nuevos elementos, aunque de hecho, la red en sí misma es de enorme complejidad (para comprender la complejidad de las redes de relaciones revisar Gleiser y Spoormaker, 2010; Apicella y col, 2012; Fowler, 2012).

Un sistema jerárquico con varios niveles estructurales será más complejo que uno horizontal. Como ejemplo, el flujo de información en una empresa será jerárquico con múltiples niveles de mando, desde los trabajadores a los mandos intermedios, hasta los altos directivos. Vamos a llamar a cada uno de estos, "niveles de complejidad". Cuanto mayor es el número de niveles más complejo es el sistema, y más aún cuando le sumamos los llamados "mecanismos de control" entre y dentro de los niveles que ayudan a mantener la estabilidad y el buen rendimiento. Un grupo de elementos de un nivel particular pueden agruparse para formar, a su vez, una unidad funcional con nuevas propiedades emergentes. Cada una de estas unidades se convierte entonces en un elemento de un nivel superior. En nuestro ejemplo de la empresa, los empleados (elementos del primer nivel de complejidad) pueden organizarse en departamentos, cada uno con una función específica. Cada departamento es entonces un elemento de un nivel más alto, que se llama corporación. En otro ejemplo, las células (elementos del primer nivel) se organizan para formar órganos específicos que son los nuevos elementos de un nivel superior: un cuerpo humano.

Es conveniente en este momento aclarar que los principios que rigen los sistemas complejos no se limitan a los seres vivos, sino que se aplican a un gran número de fenómenos en la naturaleza. El clima global, por ejemplo, es un sistema complejo. Sin embargo en esta obra se analizan sobre todo esos sistemas especiales, singulares y sorprendentemente complejos que merecen ser llamados "vivos" así como sus derivados, tales como los sistemas sociales, políticos, económicos, comerciales, culturales y lingüísticos, que comparten con sus progenitores vivos muchas de sus características evolutivas. Este tipo de sistemas complejos (llamados biológicos) y sus derivados difieren de lo inanimado en una característica especial: su enorme capacidad de evolucionar hacia niveles más altos de complejidad.

Hagamos un ejercicio y contestemos la pregunta: ¿Cuántos niveles de complejidad podemos identificar en una empresa transnacional? Varias moléculas complejas llamadas proteínas cooperan para realizar una tarea, ya sea formando un motor molecular o en una ruta metabólica. Vamos a establecer el nivel molecular como el primero. Diferentes agrupaciones moleculares forman estructuras con funciones específicas dentro de la célula. Por ejemplo: En la formación de los orgánulos. Este será nuestro segundo nivel. Los orgánulos con diferentes funciones interactúan y cooperan para formar una unidad funcional, la célula, que también es nuestro tercer nivel. Varios tipos de células interactúan para formar un tejido específico, nuestro cuarto nivel. Los tejidos forman los órganos, el quinto nivel. Varios órganos cooperan para formar un sistema, el sexto nivel. Los sistemas se ensamblan para formar un ser humano, el séptimo nivel. Los seres humanos cooperan para formar un departamento, el octavo nivel. Los departamentos se combinan para formar una sucursal, el noveno nivel. Varias sucursales de un país forman una división, el décimo nivel, y varias divisiones en diferentes países formar una corporación transnacional, el undécimo nivel.

¡Nada menos que once niveles de complejidad en una empresa transnacional! Y esta es una simplificación excesiva con fines ilustrativos, por no hablar de que una empresa no está hecha sólo de seres humanos. En realidad, los sistemas complejos vivos interactúan de maneras también complejas. Un ser humano se compone no sólo de los propios tejidos. De hecho, la cantidad de células propias en nuestro organismo es menor que el número de bacterias contenidas en la flora bacteriana de nuestra piel e intestino (Turnbaugh y col, 2007; Mitreva, 2012). Estas bacterias forman comunidades y ecosistemas, con sus propios niveles de complejidad, pero se encuentran integradas plenamente en nuestros cuerpos. Una ciudad se compone de los ciudadanos, pero también por las diferentes especies que sirven de transporte, compañía o alimento, así como de infraestructura, máquinas, vehículos etc. El sistema no se compone únicamente de una serie de elementos básicos que comparten una genética similar que se relacionan entre sí para formar estructuras, en cambio, también tiene un gran número de elementos foráneos incorporados. Una empresa no está formada sólo por seres humanos, sino también por computadoras, robots, edificios, vehículos, papelería y mobiliario en general, así como por recursos energéticos como cuentas de banco y efectivo de caja, y un sistema de reglas que los aglomera a todos como unidad. Cada elemento individual tiene su propia historia, su propia complejidad implícita, pero a la vez puede ser parte de varios otros sistemas. Una persona puede formar parte de una empresa transnacional y a la vez ser ciudadano(a) de un país, que es un sistema complejo por derecho propio. Las bacterias que viven en nuestro intestino grueso son parte de una colonia, que es a la vez parte de un micro ecosistema, pero también son parte de nosotros.

A medida que la evolución moldea un sistema complejo vivo los elementos que lo forman pasan de ser independientes y dispersos a interdependientes y aglomerados. Las comunidades se convierten de manera gradual en organismos, con identidad propia, hasta que en el largo plazo se transforman en una unidad indisoluble. Los seres humanos somos organismos, pero a medida que las comunidades humanas crezcan en complejidad, se convertirán poco a poco en superorganismos: organismos de un nivel superior compuestos de organismos de un nivel inferior.

Y para concluir esta introducción, lo reto a que sin mirar el texto a continuación diga cuál es el nivel de complejidad del libro que tiene ahora en sus manos. Un libro es un asunto muy complejo, estructurado a partir de la reunión de cientos o miles de ideas concatenadas en un texto coherente. Este libro está formado de cuatro partes, que al unirse, forman un todo que es mayor que la suma de esas partes. Juntas, muestran el cuerpo total de una teoría. Pero cada parte está formada de apartados, que contienen ideas más o menos específicas. Los apartados están formados de párrafos, los que a su vez están formados de oraciones. Cada oración es un elemento formado de otros pequeños elementos que llamamos palabras. Si deshuesáramos una oración hasta obtener palabras sueltas, y luego las uniéramos al azar para ver que sale, nos tomaría un tiempo increíblemente largo hacer que se concatenaran de una forma lógica, con significado, por lo tanto una oración es muchísimo más que una simple suma de palabras. A su vez, cada palabra está formada por elementos llamados letras, especializados en representar sonidos particulares. Entonces, al concepto de sistema complejo se le une el de información. Lo que en realidad diferencia una mezcla de doscientas mil letras revueltas al azar con el texto de un libro, es la información, acumulada durante miles de años por la humanidad en varios niveles estructurales, a la que finalmente le añado el humilde contenido informativo aportado por mi imaginación y conocimiento. Iguales relaciones naturales entre elementos de creciente complejidad se observan en una pieza musical, o en un retrato. Pero a su vez, esta complejidad no sería posible sin los niveles anteriores acumulados en los cerebros humanos.

¿Cuándo y dónde se inició esta travesía hacia la complejidad y los superorganismos? Muy, muy lejos en el tiempo en un punto de densidad infinita. Para ser más precisos, hace unos 13,700 millones de años.

Literatura citada

Apicella CL, Marlowe FW, Fowler JH, Christakis NA (2012). Social networks and cooperation in hunter-gatherers. Nature. 481:497–501.

Fowler JH (2012). Behaviour: Life interwoven. Nature. 484(7395):448-449.

Gleiser PM, Spoormaker VI (2010). Modelling hierarchical structure in functional brain networks. Philosophical Transactions of the Royal Society A: Mathematical, Physical and Engineering Sciences. 368(1933):5633-5644.

Mitreva M. (2012). Structure, function and diversity of the healthy human microbiome. Nature. 486:207-214.

Turnbaugh PJ, Ley RE, Hamady M, Fraser-Liggett CM, Knight R y col. (2007). The human microbiome project. Nature. 449(7164):804-810.

Parte 1. Trazando la ruta hacia la complejidad

"Si nuestros cerebros fuesen lo suficientemente simples para entenderlos, seríamos tan simples que no podríamos."

— Ian Stewart

"El nitrógeno en nuestro ADN, el calcio en nuestros dientes, el hierro en nuestra sangre, el carbono en nuestros pasteles de manzana fueron hechos en el interior de estrellas colapsando. Estamos hechos de 'cosa' de estrellas".

— Carl Sagan

Una breve historia del universo

En esta sección repetiré la palabra relaciones (o sus derivados y sinónimos) muchas veces con el fin hacer hincapié en su importancia en la formación de un mundo cada vez más complejo.

Todo lo animado e inanimado en nuestro universo está construido en su mayoría por esos puentes invisibles llamados relaciones. Esta no es una afirmación retórica, motivacional o metafórica. Es real. Todo lo que hay y podemos (y tal vez lo que no podemos) percibir está construido de relaciones. Por otra parte, como hemos dicho anteriormente acerca de los sistemas complejos, el universo también está construido en niveles o capas.

En nuestro universo existen dos tendencias que aparentemente apuntan en direcciones opuestas. Una señala hacia la destrucción; la otra, hacia la construcción de complejidad. La primera está representada por una cantidad física llamada entropía. La segunda, por las tres fuerzas que gobiernan la materia en todos los niveles. Estas tres fuerzas solían ser consideradas como cuatro, e incluso hoy en día se enumeran a menudo como la fuerza fuerte, la fuerza gravitacional, la fuerza débil y la fuerza electromagnética. Sin embargo, las fuerzas débil y electromagnética han sido unificadas por los físicos en el llamado modelo electrodébil (Ribarik y Sustersic, 1985). La entropía puede ser rápida y explosiva en el proceso de desorganización, mientras las tres fuerzas construyen y organizan la materia lenta, pero paciente y tenazmente. Aunque ambas tendencias son necesarias para el origen y mantenimiento de la vida, voy a referirme inicialmente a las tres fuerzas y cómo han actuado y continúan actuando para formar estructuras complejas, que van desde átomos y moléculas hasta los más sofisticados sistemas sociales.

Antes del origen de nuestro universo no había nada. El tipo de "nada" a la que me refiero aquí no es el que vemos en nuestras vidas cotidianas. A menudo decimos que nuestros gobiernos son "buenos para nada", o que "no hay nada" en el espacio que separa las estrellas. Pero si se mira cuidadosamente, veremos que siempre hay algo en estos "nadas". Los gobiernos hacen "algo" bueno de vez en cuando, y sin duda existe una tela invisible de la cual está hecho el espacio-tiempo, incluso en el caso del espacio interestelar considerado como muy vacío. Pero en la "nada" del vacío primordial no había espacio, ni tiempo, ni Nada.

El momento de la creación es conocido entre los cosmólogos como el "Big Bang". Existe controversia con respecto a este singular evento. Se puede trazar ese momento hace aproximadamente 13.7 mil millones de años, cuando toda la materia y la energía se encontraban condensadas en un punto adimensional y de densidad infinita. Las tres fuerzas no eran tres, sino una sola llamada "superfuerza". La mayoría de los eventos que determinaron cómo sería nuestro universo ocurrieron durante el primer segundo existencia. El punto de densidad infinita comenzó súbitamente a expandirse, y a medida que avanzaba la explosión su expansión se aceleraba (la llamada "Teoría del Universo Inflacionario" Goncharov y col, 1987; Gold y Albrecht, 2003). Con la expansión, la enorme temperatura inicial comenzó a caer muy rápidamente.

Antes de que finalizara el primer segundo la energía del universo temprano comenzó a condensarse en masa debido al rápido enfriamiento, formando un plasma o sopa compuesto por una variedad de partículas elementales que se agruparon en dos tipos básicos: fermiones y bosones. Pronto, los fermiones llamados quarks se relacionaron en grupos de tres para formar partículas más grandes: los protones cargados positivamente, y los neutrones, eléctricamente neutros (Figuras 1 y 2) (Kurki-Suonio y col, 1990).

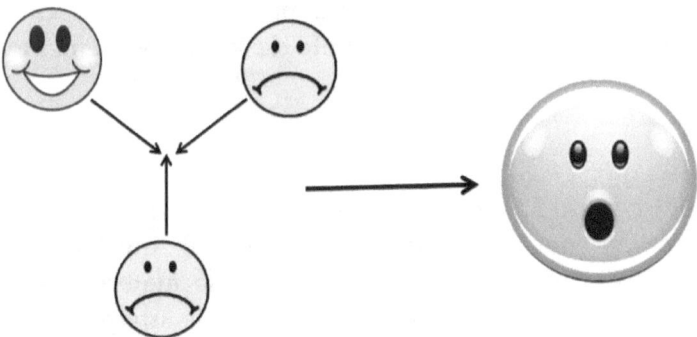

Figura 1. Un quark "arriba" se relacionaría con dos quarks "abajo" para formar un neutrón.

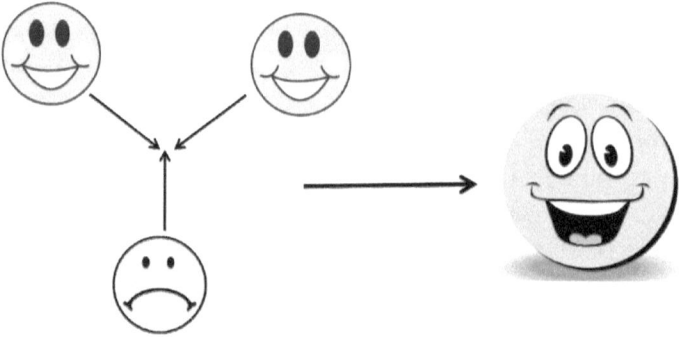

Figura 2. Dos quarks "arriba" se relacionarían con un quark "abajo" para formar un protón.

Después del primer segundo la superfuerza se dividió en las tres fuerzas fundamentales. Cada una estaba destinada a dominar diferentes escalas espaciales. Justo después de los tres minutos de existencia, la fuerza nuclear fuerte, la cual actúa únicamente a una distancia diminuta, comenzó a relacionar protones entre sí y a los protones con los neutrones, juntándolos para formar núcleos atómicos sencillos en un proceso llamado "fusión nuclear". La unión de un protón con un neutrón formó los núcleos de deuterio, mientras que la unión de dos protones y dos neutrones originó núcleos atómicos de helio. Muchos protones (la mayor parte de ellos) se quedaron solos, sin relacionarse, para formar los núcleos de hidrógeno, el más simple y abundante de todos los elementos (Fields y Olive, 2006).

Alrededor del minuto 23 después del instante de la creación cesó la formación de núcleos atómicos debido al enfriamiento resultante de la expansión. La mayor parte de la materia estaba compuesta de núcleos de hidrógeno, seguido de una cantidad considerable de helio y trazas de elementos más pesados. La temperatura era aun demasiado alta para permitir la formación de átomos. Para su formación, los núcleos positivos tendrían que relacionarse con los fermiones negativos llamados electrones. Estas relaciones serían posibles gracias a la acción de la fuerza electrodébil (para ser más precisos, del componente electromagnético de la fuerza débil).

Trescientos setenta y siete mil (377,000) años desde el instante de la creación debieron transcurrir antes de que el enfriamiento fuera suficiente para que la fuerza electrodébil comenzara a construir átomos. Durante ese tiempo, los bosones que llamamos fotones (que forman la luz y la radiación electromagnética en general) no podían circular libremente debido a la alta densidad del universo. Fueron aquellos tiempos de completa oscuridad, pero alrededor del cumpleaños número 377,000 de nuestro universo la temperatura habían disminuido lo suficiente como para permitir que los núcleos atrajeran y mantuvieran atrapados a los electrones (Figura 3). El confinamiento de los electrones a sus lugares alrededor de los núcleos, formando de ese modo los átomos eléctricamente neutros, hizo que el universo se tornara transparente lo que permitió que los fotones (o partículas de luz) pudieran viajar libremente en el espacio (proceso llamado por los cosmólogos "desacoplamiento"; Hinshaw y col, 2009; Wall, 2012).

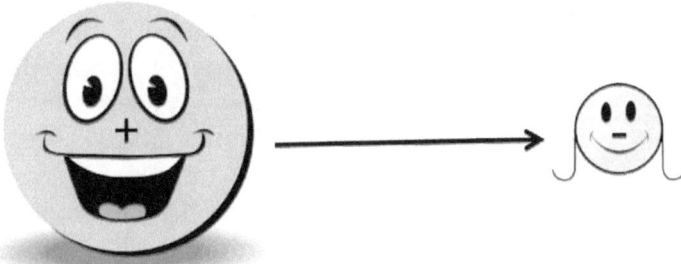

Figura 3. El descenso de la temperatura en el universo en expansión permitió que los protones, de carga positiva, se relacionaran con los electrones, de carga negativa, mediante la fuerza electromagnética

formando los átomos de hidrógeno.

¡Y se hizo la luz! Sin embargo, debo aclarar que aquella luz inicial no emanaba de ningún punto en particular, sino más bien llenaba cada espacio del universo expandiéndose junto con él. Era la huella de los instantes iniciales del universo. En 1978 Arno Allan Penzías y Robert Woodrow Wilson ganaron el Premio Nobel de Física por el descubrimiento de la radiación cósmica de microondas, una radiación de fondo de 3 grados Kelvin que llena todos los rincones del universo; la firma del primer relámpago: el Big Bang (Penzias y Wilson, 1965).

Para el momento en que el universo se volvió transparente aun no existían estrellas ni galaxias, así que no había fuentes puntuales de la luz. Aun había oscuridad. Tuvo que transcurrir un tiempo considerablemente largo antes de que la acción de la tercera fuerza (la gravedad), la más débil de las tres pero capaz de actuar a través de enormes distancias, se hiciera tangible.

La gravedad comenzó a acercar y a relacionar los átomos para formar cúmulos de materia en forma de nubes de gas. Luego, fue aumentando progresivamente la densidad de dichas nubes, acercando los núcleos atómicos unos con otros, y con ello, aumentado su temperatura. Cuando los núcleos se encontraron lo suficientemente cerca para interactuar, la fuerza fuerte pudo entrar de nuevo en acción reactivando la fusión nuclear (Busso y col., 2010). Aproximadamente doscientos millones (200,000,000) de años después del origen de nuestro universo, con la energía liberada por la fusión nuclear, esas condensaciones de materia se encendieron formando la primera generación de estrellas (Bromm y col., 2009). Estas primeras lumbreras (y el universo en general) eran ricas en hidrógeno y helio, los elementos más sencillos. Poco a poco en el interior de las estrellas la fusión nuclear impulsada por la fuerza fuerte fue relacionando los núcleos atómicos para crear elementos progresivamente más pesados, como el carbono, el nitrógeno y el oxígeno —en un proceso conocido como "nucleosíntesis estelar" —lo que sería crucial para la futura formación de organismos vivos (Figura 4).

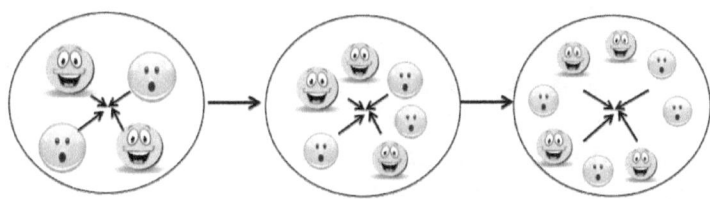

Figura 4.
Dentro de las estrellas, la fuerza fuerte hizo que los protones y neutrones se relacionaran entre sí formando elementos cada vez más pesados, como el helio, el litio, el Berilio, etc.

Pero la gravedad, además de atraer los átomos para dar origen a las primeras estrellas, actuó también a una escala mucho mayor acercando grandes grupos estelares originando las primeras galaxias. Luego de unos pocos miles de millones años la primera generación de estrellas fue muriendo. A medida que agotaban su combustible de hidrógeno y helio se fueron enfriando. Este enfriamiento permitió que la fuerza de gravedad continuara aumentando la densidad a tal punto que terminaban sus vidas en gigantescas explosiones conocidas como supernovas, dispersando sus contenidos y enriqueciendo el espacio interestelar con los nuevos elementos formados (Andouze y Silk, 1995). El proceso se repetiría. Una vez más la fuerza de gravedad condensaría el gas interestelar remanente de las explosiones de la primera generación de estrellas formando nuevas nubes, y a continuación, nuevas estrellas, muchas de las cuales ahora podían contener sistemas planetarios orbitándolas gracias a la diversidad de elementos creados durante la primera generación. Hace cerca de 4.6 mil millones de años, a medio camino entre el borde y el centro de una galaxia que ahora llamamos Vía Láctea, una de tales nubes se comenzó a condensar para dar lugar a nuestro sistema solar

(Bouvier y Wadhwa, 2010).

La Tierra en pañales

Inicialmente, en el corazón de este sistema solar en ciernes se formaron varias condensaciones, pero sólo una de ellas sería lo suficientemente densa y grande como para que se activara la fusión nuclear en su interior. Nació nuestro Sol. Otras condensaciones formaron los grandes planetas exteriores: Júpiter, Saturno, Urano y Neptuno. El resto del gas formó cuerpos más pequeños que al igual que los grandes planetas comenzaron a girar en torno al Sol. La gravedad se ocupaba de mantener todos estos cuerpos en órbitas aleatorias alrededor de la estrella central haciéndolos colisionar y fusionándolos entre sí, lo que dio origen a los planetas interiores: Mercurio, Venus, Tierra y Marte (Figura 5) (*Committee on Grand Research Questions in the Solid-Earth Sciences, National Research Council*, 2008).

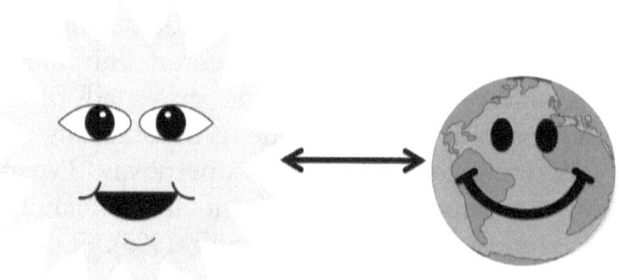

Figura 5. El origen de los planetas fue posible gracias a la existencia de elementos pesados, construidos en el interior de la primera generación de estrellas. Los planetas se relacionarían con su estrella gracias a la fuerza de gravedad.

A continuación algo notable sucedería en los planetas. La temperatura de una estrella es extremadamente alta y esta condición impide que la fuerza electromagnética relacione diferentes átomos entre sí para formar moléculas (sin embargo, hay evidencia que apunta a una posible síntesis de moléculas orgánicas en algunos tipos de estrellas; Kwork, 2004). Por el contrario a las temperaturas relativamente bajas de los planetas los átomos individuales podrían interactuar entre sí para formar compuestos de diversos tipos. La fuerza electromagnética sería la controladora definitiva de la evolución hacia la complejidad en nuestro mundo. A partir de entonces, esta sería principalmente la fuerza que guiaría a la materia en su discurrir hacia vida.

Las relaciones electromagnéticas entre átomos (llamadas "enlaces químicos") serían de dos tipos básicos. En el primero, un átomo posee un electrón que puede "regalar" fácilmente. El electrón entonces es cedido a otro átomo al que le gusta tomar electrones, y de allí surge una relación perfecta. El átomo que cede el electrón queda cargado positivamente, y el que lo acepta termina con una carga negativa. Entonces, ambos átomos se juntan debido a sus cargas opuestas. A partir de este tipo de uniones surgieron los compuestos iónicos, tales como las sales, los ácidos y las bases. El más conocido de tales compuestos, así como el más ubicuo y esencial para la vida en la Tierra, es el cloruro de de sodio, o sal de mesa (Figura 6).

El segundo tipo de relación es más fuerte y estable. En esta los átomos, en lugar de regalar sus electrones, los comparten con otros átomos en lo que se denomina "enlace covalente", que en general es mucho más fuerte que el iónico. Entre todos los elementos formados en la primera generación de estrellas uno resultó ser una verdadera maravilla de las "relaciones humanas" del mundo atómico: el Carbono. Un átomo de este elemento es capaz de compartir cuatro de sus electrones con otros. Uno de los compuestos más simples formados por el carbono es el gas metano, en el cual comparte sus cuatro electrones disponibles con cuatro átomos de hidrógeno. Pero un átomo de carbono puede formar enlaces covalentes con otro átomo de carbono, y este con un tercero y así sucesivamente, lo que facilita la construcción de grandes cadenas. La diversidad de tipos de cadenas así construidas es potencialmente infinita. Es esta enorme capacidad de los átomos de carbono de relacionarse con los demás formando moléculas complejas lo que demostraría ser crucial en la creación de ese nuevo fenómeno especial llamado vida (Figura 7) (Orgel, 1998).

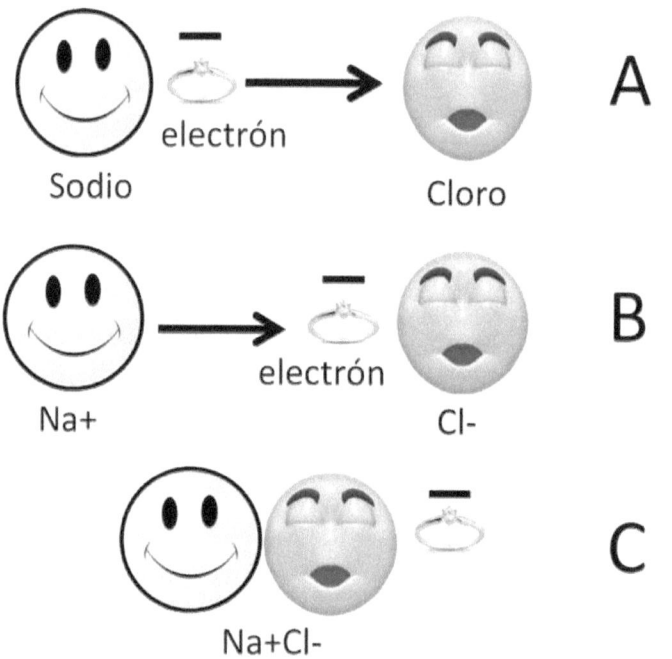

Figura 6. A. El sodio tiene un electrón que quiere regalar. Al cloro le gusta que le regalen un electrón. B. Una vez que el electrón pasa al cloro, ambos átomos adquieren carga. C. La relación forma una molécula de cloruro de sodio, o sal de mesa.

Pero antes de la formación de los primeros compuestos de carbono en nuestra Tierra, apareció una sustancia con propiedades químicas en extremo interesantes. La disposición espacial particular de los átomos que conforman sus moléculas las hace tener polaridad eléctrica, lo que significa que las cargas positivas y negativas se distribuyen diferencialmente a lo largo de la ella. Estoy hablando del agua, o H_2O. La disposición de dipolo eléctrico le permite al extremo negativo de la molécula atraer al extremo positivo de otra. Entonces, dos moléculas de agua están unidas entre sí por un enlace mucho más débil que el iónico, uno que los químicos han llamado "puente de hidrógeno". A causa de los puentes de hidrógeno el agua líquida forma una malla o red de relaciones que le confiere la mayor parte de sus propiedades, tales como un punto de ebullición alto, la capacidad de absorber gran cantidad de calor antes de evaporarse y sin aumentar sustancialmente su temperatura, y su capacidad de disolver sustancias, entre otras. La mayoría del agua y el carbono de la Tierra podrían haber tenido sus orígenes en objetos procedentes del cinturón de asteroides (*Committee on Grand Research Questions in the Solid-Earth Sciences, National Research Council*, 2008).

Figura 7. Molécula de butano, formada por cuatro átomos de carbono enlazados entre sí y con átomos de hidrógeno (caritas oscuras). La capacidad del carbono de compartir cuatro electrones con otros fue una cualidad esencial para el surgimiento de la vida.

Después de su nacimiento la Tierra estaba aun muy caliente, aunque su temperatura era mucho más baja que la de la Sol. Su superficie estaba compuesta de un océano de material fundido donde aun no había agua en estado líquido. El enfriamiento gradual determinó la formación de una corteza de roca volcánica, seguido por la aparición de vapor de agua hace cerca de 4.4 mil millones (4,400,000,000) de años, cuando la Tierra tenía tan sólo alrededor de cien millones (100,000,000) de años de existencia

(Wilde y col., 2001). La enorme cantidad de vapor de agua se mezcló con el dióxido de carbono liberado a partir de las rocas volcánicas causando la tormenta más severa en la historia del planeta. El agua precipitaba formando un único y enorme cuerpo. Llovió por varios millones de años, y de esa forma, hace unos cuatro mil millones (4,000,000,000) de años el 90% de la superficie de nuestro mundo se encontraba cubierta por agua líquida formando un enorme y vasto océano (Valley y col., 2002).

Hágase la vida

Quinientos millones (500,000,000) de años después del surgimiento del mundo acuático la intensa actividad volcánica en la superficie del planeta finalmente separó las aguas de las aguas, formándose los continentes y océanos. Es probable que la vida haya surgido en las profundidades de estos océanos tempranos, y a partir de ahí, se extendiera hacia la superficie. Pero los complejos compuestos del carbono tuvieron que aparecer antes de que la vida se pudiese desarrollar.

Las moléculas de Carbono interactuaban entre sí y con átomos de nitrógeno e hidrógeno en una variedad de configuraciones, formándose los compuestos necesarios para la vida tales como nucleótidos y aminoácidos. Los océanos prebióticos debieron estar plagados de una enorme variedad de tales moléculas, las que poco a poco aumentarían en complejidad. Los aminoácidos se comenzaron a enlazar unos con otros formando proteínas, y los nucleótidos formando largas moléculas de ARN y de ADN. Con el tiempo, la asociación de las proteínas con las cadenas de ARN debió originar grandes moléculas auto-replicantes, capaces de construir copias de sí mismas. Esta última característica sería esencial para la vida. En la actualidad, existe poco remanente de ese mundo molecular primigenio (casi todas las teorías modernas sobre los orígenes de la vida están basadas en las ideas de Alexander Oparin. Véase Oparin, 1952).

A partir de esta historia podemos ver claramente que las relaciones y la cooperación no son invenciones de la humanidad, sino fenómenos inherentes a la vida y al universo mismo. Varias estructuras, inicialmente solitarias, con el paso del tiempo se relacionan poco a poco con sus pares, lenta e imperceptiblemente, guiadas por las tres fuerzas de la naturaleza.

A través de este proceso se formaron estructuras especializadas de creciente complejidad, incluyendo enzimas y otras proteínas que proporcionaban forma y movimiento a los complejos moleculares. Las sofisticadas maquinarias moleculares continuaron ensamblándose y especializándose para trabajar de manera orquestada, hasta que surgieron las primeras células. Actualmente la célula es considera la unidad básica de la vida en nuestro planeta.

Los investigadores marcan el comienzo de la vida con la aparición de las primeras células sencillas hace unos 3.5 mil millones (3,500,000,000) de años; por lo tanto, se dice que antes de ese tiempo el mundo consistente de moléculas auto-replicantes era prebiótico (antes de la vida). La secuencia de eventos que llevaron a esas primeras células se desconoce en la actualidad, pero podemos asegurar que la vida celular se inició con el surgimiento de una envoltura de grasa y proteínas llamada membrana celular que protegía del ambiente externo a los componentes (Peretó y col., 2004). El surgimiento de esta barrera dio a los primeros organismos de naturaleza bacteriana, llamados procariotas, la capacidad de regular su ambiente interno.

El florecimiento de la vida bacteriana en los océanos debió ser espectacular y de una feroz competencia. La única manera de alimentarse era mediante la depredación de otras bacterias y de moléculas auto-replicantes. Es probable que no sólo la energía y los nutrientes se obtuvieran a partir de los alimentos, sino también la información genética en lo que se ha llamado Transferencia Genética Horizontal. Los fragmentos de información genética eran intercambiados libremente. Finalmente, el mundo molecular fue casi completamente absorbido por el mundo celular. La mayor parte de la información filogenética sobre las bacterias, los organismos unicelulares llamados arquea, los protistas (dentro de los cuales existen algunos parásitos unicelulares humanos), y los animales antes e inmediatamente después de su división en reinos aislados, fue suprimida por la intensa Transferencia Genética Horizontal. Eso hace muy difícil la reconstrucción precisa —o incluso aproximada— de la evolución de aquel mundo celular primigenio y las teorías que intentan hacerlo siguen siendo altamente especulativas (para conocer mejor la Transferencia Genética Horizontal lea Woese, 2002).

La energía para la replicación (producción de copias de un organismo) y otros procesos de la vida en presencia de una atmósfera reductora, desprovista de oxígeno y rica en dióxido de carbono, se conseguía exclusivamente por fermentación de las moléculas orgánicas incorporadas desde el exterior. Tiempo después, algunas células desarrollaron la capacidad de utilizar la luz del sol y el dióxido de carbono (CO_2) para fabricar su propio alimento. Estas bacterias fotosintéticas, llamadas cianobacterias, comenzaron la utilización del CO_2 de la atmósfera y a cambio producían oxígeno. Como resultado hace alrededor de 2.8 mil millones (2,800,000,000) de años se comenzó a liberar oxígeno hacia la atmósfera terrestre.

Uno más uno es más que dos

Las bacterias son organismos sencillos. Su ADN no cuenta con una envoltura nuclear y carece de unas organelas especializadas en la producción de energía llamadas mitocondrias. Pero hace alrededor de 1.5 mil millones (1,500,000,000) años se llevaron a cabo una serie de relaciones sorprendentes. Ciertos tipos de bacterias resistentes al calor (llamadas arquibacterias sulfidogénicas) solían utilizar para su alimentación a unas pequeñas bacterias nadadoras, del género eubacteria. Con el tiempo (millones de años) depredador y presa se irían fusionando paulatinamente por simbiogénesis. La eubacteria se incorporó por completo en el organismo de la otrora su depredadora, formando finalmente un único organismo. Esta unión originó un nuevo tipo de célula llamada arquiprotista, una especie de eucariota amitocondriada (aun sin mitocondrias) rudimentaria, pero que ya poseía un núcleo celular bien definido.

Estas primeras células eucariotas así formadas eran sensibles al oxígeno atmosférico y la exposición a este gas las destruía. Entonces, el aumento paulatino de la concentración de oxígeno atmosférico producido por las bacterias fotosintéticas conduciría a una nueva relación. Algunas arquiprotistas incorporaron en su interior, a través de una segunda relación simbiótica, a pequeñas bacterias que ya habían descubierto una nueva tecnología: la utilización del oxígeno para el metabolismo de los alimentos y la producción de energía. La relación entre aquellas antiguas células móviles anaerobias (incapaces de utilizar oxígeno) y las eubacterias utilizadoras de oxígeno llegó a ser una de las más exitosas de todos los tiempos. Las mitocondrias —estructuras encargadas de la respiración celular— de los modernos organismos eucariotas, incluyéndonos a los seres humanos, son los descendientes de aquellas eubacterias. En la actualidad constituyen las plantas de energía de todas nuestras células para lo cual oxidan los alimentos liberando dióxido de carbono y agua. Esta relación le permitió al nuevo tipo de eucariota la utilización de oxígeno atmosférico, dándole una ventaja evolutiva (Figura 8) (Gray y col., 1999).

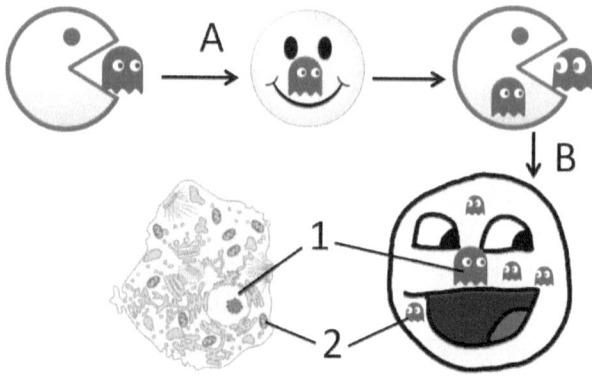

Figura 8. Origen de las células eucariotas por eventos endosimbióticos. A. Una arquea se alimentaba de una eubacteria. Con el paso de los millones de años la simbiosis entre ambos microorganismos originó un eucariota nucleado primitivo. B. En un segundo evento endosimbiótico, la relación del eucariota primitivo con una bacteria que utilizaba oxigeno originó la célula precursora de todos los eucariotas modernos. 1. Núcleo celular. 2. Mitocondrias.

En otro caso, las eucariotas no fotosintéticas se alimentaban de cianobacterias fotosintéticas. Con el tiempo ambas formaron una tercera relación simbiótica. Hoy en día los descendientes de aquellas cianobacterias se encuentran incorporados dentro de las células de las algas y las plantas verdes formando los cloroplastos, organelas encargadas de la fotosíntesis por medio de la proteína clorofila (Bhattacharya y col., 2004). La idea del surgimiento de las complejas células eucariotas modernas por una serie de relaciones simbióticas entre diferentes tipos de bacterias fue propuesta por primera vez por Lynn Margulis y se ha denominado "Teoría Endosimbiótica Serial", o SET, por sus siglas en inglés (Sagan, 1967).

El surgimiento de las células eucariotas nos permite apreciar el poder de las relaciones en todo su esplendor. La capacidad de sobrevivencia y reproducción aumentó de manera drástica debido a la sinergia de los componentes. Los eucariotas unicelulares adquirieron muchas formas y dominaron la tierra durante cientos de millones de años. La intensa actividad fotosintética durante dos mil millones (2,000,000,000) de años, mediada primero por las cianobacterias fotosintéticas y a continuación por las eucariotas vegetales, aumentó poco a poco los niveles atmosféricos de oxígeno transformando lentamente nuestro planeta en un hermosa esfera azul (De Marais, 2000).

Las cantidades abundantes de oxígeno permitieron la proliferación de las eucariotas heterótrofas, es decir, aquellas que carecen de clorofila y son incapaces de fabricar su propio alimento por lo que necesitan cazar y alimentarse de otros seres vivos, utilizando por lo general el oxígeno para obtener energía a partir de ellos. Esos heterótrofos serían los antepasados de los organismos multicelulares tales como los hongos y los animales (incluidos nosotros). Sin embargo en la actualidad hay descendientes unicelulares directos de aquellos seres, muy similares a ellos, formando parte del reino Protista, el más diverso de los reinos de la vida que alberga tanto especies heterótrofas como autótrofas (fotosintéticas). La mejora en la utilización de los recursos energéticos les permitió a los protistas, principalmente a los heterótrofos utilizadores de oxígeno, el desarrollo de estructuras especializadas para la locomoción otorgándoles mucha más movilidad, lo que a su vez les permitió aventurarse y poblar todos los rincones del planeta (Taylor, 1980).

En un mundo de competencia feroz y despiadada la utilidad práctica de las relaciones es evidente. Las alianzas son necesarias. Hay que aprender a utilizar los recursos elaborados por otros, y a cambio suplir a los demás con el producto de las habilidades propias. Para un individuo, es conveniente vivir en un entorno comunitario rodeado de compañeros que, en mayor o menor medida, le suplan muchos de sus requerimientos. Debido a ello es posible que poco después del surgimiento de la vida los organismos unicelulares adquirieran la capacidad de comunicarse e interactuar con sus pares. Las células gregarias que tendían a vivir juntas podían ser favorecidas por el mecanismo evolutivo debido a diversos factores que incluyen la protección contra los depredadores brindada por el grupo, y la división del trabajo.

Poco a poco, los organismos unicelulares se adaptaban a la vida en comunidad. Algunos eucariotas comenzaron a formar relaciones más estrechas, ensamblándose en pequeñas colonias o filamentos. En algunas comunidades, la vida gregaria evolucionó hasta el punto de convertirse en imposible, o al menos muy difícil, sobrevivir aislado del grupo. La especialización de organismos individuales en tareas específicas dentro de la comunidad aumentó gradualmente la interdependencia con el subsiguiente aumento de las relaciones, tanto en número como en calidad. No había vuelta atrás. La comunidad de organismos estaba evolucionando al siguiente nivel de complejidad: el organismo multicelular.

A estas alturas uno puede darse cuenta de que no existe un límite claramente definido entre lo inanimado y el mundo biológico, así como entre organismos unicelulares y multicelulares. Las transiciones se determinan por el aumento continuo en complejidad guiado por las tres fuerzas que actúan en conjunción, como si entre ellas existiera una suerte de acuerdo extraño y misterioso para aumentar el número de las relaciones y así incrementar progresivamente los niveles de organización estructural de la materia. Una secuencia comienza a emerger. Vemos cómo una innovación tecnológica importante, principalmente en las comunicaciones o las relaciones, desencadena una transición de fase —se propaga rápidamente en todo el sistema— lo que permite mejores relaciones entre los elementos, que a su vez permite una explosión de vida y el origen de nuevas estructuras más complejas. A partir de ahí el mecanismo evolutivo experimenta con innumerables variaciones hasta que aparece el siguiente gran avance tecnológico, aquel que le permitirá a la vida experimentar su próximo gran salto, en un ciclo sin fin.

Comunicación química

Algunos tipos de bacteria encontraron una manera interesante e innovadora de comunicarse entre sí que les permitió actuar de forma colectiva. Estas pequeñas criaturas producen sustancias llamadas autoinductoras que pueden ser detectadas por otras bacterias. Una determinada bacteria produce una cantidad fija de substancia, pero a la vez, detecta la concentración de esa misma substancia en el medio y realiza lo que se ha denominado "censo de quórum," por medio del cual estima la cantidad de bacterias de su propia especie y la de otras. Este "conocimiento" le ayuda entonces a "tomar decisiones" en conceso con sus hermanas (Miller y Bassler, 2001).

Este tipo de comunicación se observa en una gran variedad de especies bacterianas modernas cuyos miembros exhiben comportamientos diferentes cuando están en relativo aislamiento y cuando forman parte de un grupo. Debido a que la concentración de autoinductor aumenta proporcionalmente a la concentración de bacterias, este método les permite calcular la densidad poblacional. Algunos comportamientos se producen sólo después de que la concentración supera un umbral. Al llegar a este límite el comportamiento individualista cambia a uno sincrónico de grupo. Algunos ejemplos de comportamiento síncrono son la bioluminiscencia, la secreción de factores de virulencia, la formación de *biofilms* y la producción de ciertos pigmentos (Antunes y col, 2010; Dickschat, 2010; Majumdar y col, 2012; Hornung y col, 2013).

La comunicación química relativamente simple impulsa a la comunidad bacteriana a ejecutar un comportamiento grupal coordinado, como si fuese un organismo por derecho propio. La comunicación entre las bacterias nos da pistas sobre la manera en que las células evolucionaron hasta formar organismos multicelulares. Sin embargo, las bacterias nunca encontraron el camino hacia el verdadero organismo multicelular, y el gran salto fue efectuado por las células eucariotas.

Desde el punto de vista evolutivo, ¿Cuándo y por qué se convirtió la comunidad de organismos unicelulares en un único organismo multicelular? Debo insistir en que un límite preciso es difícil (si no imposible) de definir, pero la transición se pudo efectuar esencialmente gracias a dos innovaciones: en primer lugar, el surgimiento de las variantes genéticas que hicieron de las células organismos propensos a unirse o ensamblarse unos con otros formando agregados cooperativos (Ratcliff, 2012). En segundo lugar, la comunicación química intercelular en eucariotas a través de una distancia permitió una organización estructural del conjunto mediante diferencias de concentración, es decir, una célula produce una substancia y las demás miden la cantidad. Entonces, de acuerdo a la concentración de substancia, que será proporcional a su distancia de la célula productora, cada célula adquiere una función determinada. Un mecanismo organizacional similar se observa en el embrión humano (y de otras especies) en desarrollo, así como en la formación de *biofilms* (biopelículas) bacterianos mediante el censo de quórum anteriormente mencionado (Nusslein-Volhard 1996; Gurdon y Bourillot, 2001; Fux y col, 2005).

El tipo más popular de comunicación intercelular resultó ser mediante una molécula de substancia "mensajera" llamada "ligando." Este ligando, producido por una célula, difunde a través de un espacio portando un mensaje hasta que finalmente se une a una molécula llamada "receptor" que se encuentra en la superficie o en el interior de otra célula (Figura 9). Entonces, la unión del ligando al receptor produce una acción o respuesta en la segunda célula. El desarrollo de una amplia variedad de ligandos químicos permitió la comunicación fluida a distancia entre las células. De la misma manera que las invenciones útiles son adoptadas rápidamente por los grupos humanos, la comunicación química tuvo que haber sido adoptada rápidamente por los organismos unicelulares mediante Transmisión Genética Horizontal y el mecanismo evolutivo. Por otra parte, la mencionada comunicación química basada en la dualidad ligando/receptor continuó siendo utilizada a lo largo de toda la evolución, incluyendo los autoinductores previamente mencionados, las hormonas, los neurotransmisores, y los factores de crecimiento y diferenciación en seres más complejos tales como las cucarachas o los seres humanos, y en general en todo el espectro de la vida (para un ejemplo revise la evolución de los receptores de esteroides en los seres humanos en: Eick y Thornton, 2011).

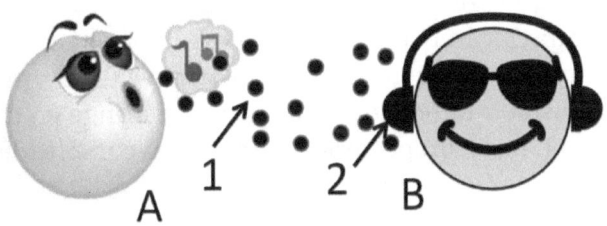

Figura 9. Comunicación química intercelular. La célula emisora (A) produce moléculas de ligando (1) que difunden hasta alcanzar la célula diana o receptora (B). Un ligando se une a una molécula receptora (2) como llave a su cerradura, lo que origina una respuesta celular.

La comunicación química fue uno de los factores que permitieron el salto de los organismos unicelulares a la multicelularidad, pero también continuó siendo utilizado entre los organismos multicelulares con el fin de comunicarse entre sí y con su medio ambiente. Por ejemplo, algunas especies de insectos sociales tales como las hormigas muestran un complejo comportamiento de grupo orquestado a través de la comunicación química. Los seres humanos —además de una enorme diversidad de especies— utilizamos la comunicación química con nuestro medio ambiente o con otros seres humanos para detectar alimentos, sustancias nocivas, e incluso el compañero o compañera sexual. Esta comunicación entre seres humanos −a un nivel inconsciente− o entre hormigas mediante el olfato se lleva a cabo a través de ligandos llamados "feromonas". (Como ejemplo, Jacob y col., 2002 investigaron la relación entre ciertas variantes de los genes HLA, y la atracción de los hombres hacia el olor de las mujeres).

Pero la comunicación química tiene una limitante: La velocidad con la que una molécula difunde desde una célula a otra no es muy rápida, y su rango de acción es relativamente corto. Por lo tanto, un organismo multicelular que haga uso únicamente de este tipo de comunicación entre sus células tiene un límite en su potencial de crecimiento. La baja velocidad a la que las señales viajan entre diferentes regiones del organismo por encima de un cierto tamaño hace que este responda lentamente a las condiciones ambientales siempre cambiantes. Entonces, la comunicación química por sí misma restringe el tamaño potencial que puede alcanzar un organismo multicelular y por ende restringe en cierta medida la evolución hacia un posterior aumento en complejidad.

Sin embargo de nuevo la diversidad de la vida encontró una ruta, una nueva tecnología de transporte que salvaba los inconvenientes de la comunicación química por simple difusión. En algunos organismos ciertas células poco a poco se especializaron y se transformaron hasta formar tubos o canales por los cuales circulaban las substancias, lo que permitió un transporte más rápido de los mensajeros químicos entre las células distantes, así como un intercambio mucho más eficiente de nutrientes y de desechos entre las células interiores del organismo y el medio ambiente externo. El surgimiento de los sistemas vasculares permitió un aumento progresivo en el tamaño de los organismos multicelulares (Wilkens, 1999). Pero este crecimiento en tamaño y complejidad no pudo avanzar sustancialmente hasta que apareció la siguiente gran innovación.

Transmisión eléctrica

Algunos organismos multicelulares comenzaron a experimentar ciertos cambios interesantes. Algunas células se especializaron gradualmente en la conducción de impulsos eléctricos viajando a lo largo de sus membranas por medio de los llamados "canales iónicos regulados por voltaje" (Liebeskind y col, 2011; Widmark y col, 2011; Jensen y col., 2012; Ueya y col, 2012). Con el tiempo, las células especializadas en la conducción eléctrica crecieron en longitud entrando en contacto unas con otras con el fin de transmitir señales entre regiones distantes del organismo multicelular. La transmisión eléctrica entre células distantes permitió una respuesta más rápida entre las distintas partes del organismo, así como ante estímulos del medioambiente (Figura 10). Las células especializadas comenzaron a formar redes de comunicación, originando los primeros sistemas nerviosos. Hoy en día, podemos ver estos sistemas nerviosos primitivos en forma de redes o sincitios en los celenterados, organismos radiales multicelulares entre los que se encuentran las anémonas y las medusas. Estos son relativamente simples y algunos de ellos de transición entre la comunidad de organismos unicelulares y el verdadero organismo multicelular —de naturaleza animal—, también llamado metazoo (la hidra es un excelente ejemplo) (Petersen, 1990; Syed y Scherwater, 1997).

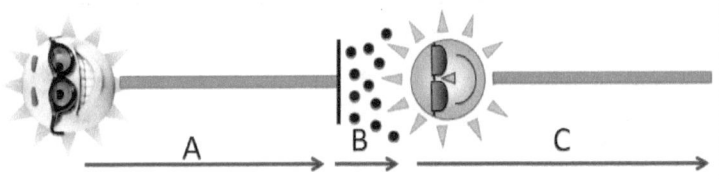

Figura 10. Usualmente, la transmisión de señales en los sistemas nerviosos es mixta, utilizándose tanto la conducción eléctrica como la química. A. Se origina una señal en una célula nerviosa que luego viaja a lo largo de ella en forma de impulso eléctrico. B. Al llegar al terminal la corriente provoca la liberación de un ligando llamado neurotransmisor. La unión del neurotransmisor a sus receptores en la segunda neurona, hace que se reanude el viaje de la señal en forma de impulso eléctrico (C). La comunicación química entre neuronas recibe

el nombre de sinapsis. La conducción eléctrica le proporciona velocidad a la señal, mientras que la química le confiere la capacidad de ser finamente regulada.

Los animales multicelulares o metazoos aparecieron en nuestra Tierra hace unos 540 millones (540,000,000) de años, durante la llamada explosión cámbrica. Los más primitivos encontrados en el registro fósil corresponden al comienzo del período Cámbrico. Entre las causas probables de esta explosión de vida se encuentran el gran aumento en la concentración de oxígeno atmosférico acelerado por la proliferación de la vida vegetal, el surgimiento de un grupo de genes del desarrollo (llamados HOX), el cambio drástico del clima, la fuerte competencia por los nichos ecológicos, y el surgimiento de la proteína colágeno (Stanley, 1973; Hsu y col, 1985; Tucker, 1992; Knoll y Carroll, 1999). Sin embargo, las innovaciones en la comunicación intercelular a distancia debieron tener un papel preponderante.

En algunas especies, las redes neurales difusas como se ven en los celenterados fueron transformándose progresivamente en condensaciones más centralizadas capaces de procesar la información. Los helmintos (gusanos) son un buen ejemplo. Algunas especies de platelmintos (gusanos planos) tienen sistemas nerviosos compuestos por un cerebro primitivo en forma de anillo, y dos cordones unidos por comisuras. En general, los primeros sistemas nerviosos centrales formados por cordones nerviosos aparecieron por primera vez en cordados inferiores. Estos cordones persistieron a lo largo de la evolución en los cordados superiores, constituyendo las médulas espinales (Reuter y Gustafsson, 1995).

La aparición de centros neurales densos no solo permitió la formación de la circuitería necesaria para el procesamiento básico de la información, sino también condujo a la aparición de células especializadas en la detección de las condiciones ambientales a través de la estimulación por luz, sonido o gravedad. Aparecieron los primeros órganos de los sentidos. Algunos tipos de ojos primitivos llamados ocelos ni siquiera tuvieron necesidad de un centro de procesamiento de la información. La larvas de zooplancton, por ejemplo, tienen células de detección de luz que están directamente conectadas al aparato natatorio del animal, el cual se limita a seguir la dirección de la fuente lumínica (Salvini-Plawen, 2008).

Poco a poco, los cordones neuronales en cordados inferiores experimentaron condensaciones subsecuentes originando los primeros sistemas nerviosos segmentados, que contienen ganglios que controlan el flujo de información de cada segmento del animal de una manera más compleja. Posteriormente estas estructuras evolucionaron hasta la aparición de verdaderos cerebros, compartimentados para gestionar el flujo de la información en varios niveles. Es probable que los cerebros emergieran independientemente hasta cuatro veces en la evolución (Glenn-Northcutt, 2012).

El desarrollo de estructuras especializadas para la detección de luz, sonido, gravedad y estímulos químicos permitió al reino animal desarrollar una mejor respuesta al medio ambiente, y lo más importante, maneras cada vez más conspicuas de comunicarse con los compañeros de especie. El florecimiento de una diversidad de formas de comunicación entre los organismos biológicos cimentó las bases para el próximo salto evolutivo, hacia el nivel de comunidades complejas de organismos multicelulares.

Cabe señalar que la aparición de un nuevo nivel de complejidad no implica la desaparición de los niveles anteriores. A medida que un organismo evoluciona en complejidad, cada nuevo nivel incorpora a los otros y, por tanto, los vertebrados superiores muestran toda la gama evolutiva en un mismo individuo. Los sistemas digestivos de los mamíferos (incluyéndonos), por ejemplo, tienen redes neurales autónomas que se asemejan a las redes de los metazoos más simples. Estas sirven como reguladoras de las funciones digestivas y mantienen, en cierta medida, al tracto digestivo independiente del sistema nervioso (Gershon, 1981). Pero los mamíferos también tienen en sus sistemas nerviosos condensaciones simples a manera de cordones formando nervios; ganglios a lo largo de la médula espinal que controlan en cierta medida cada segmento y que recuerdan los primeros sistemas nerviosos segmentados, y varios centros de procesamiento central cuya complejidad se correlaciona, caudal a rostral, al momento de su aparición en la evolución. Estos centros se extienden desde la médula espinal hasta la corteza cerebral, pasando por las estructuras del tallo encefálico (Glenn-Northcutt, 2012).

Los insectos sociales y la inteligencia colectiva

Debo decir que esta sección del libro no pretende ser una revisión exhaustiva de la filogenia y evolución de los sistemas nerviosos. Su principal objetivo es hacer hincapié en la forma en que los avances en las comunicaciones y las relaciones entre los elementos de una población, ya sea de moléculas, células, individuos o comunidades de individuos multicelulares, permite un crecimiento ulterior en tamaño y complejidad. En el reino animal las comunidades más complejas son las de los insectos sociales como las hormigas y las abejas, muchas de las cuales presentan una estructura social complejísima que incluye una fina división del trabajo. Tomemos como ejemplo a las hormigas. La comunicación entre los elementos (hormigas) en la colonia es principalmente de cuatro tipos: química, táctil, visual y auditiva. Todas las funciones dentro del hormiguero se regulan finamente por medio de estos cuatro tipos de señales.

La resolución de problemas por medio de una conducta coordinada en las hormigas u otros insectos sociales tales como las abejas se ha denominado "inteligencia colectiva." Este tipo de inteligencia es una propiedad emergente de un sistema compuesto por muchos individuos, cada uno de los cuales sigue un pequeño conjunto de reglas. La inteligencia colectiva hace que el sistema se comporte como si fuera una unidad singular, inseparable. Para un ejemplo más amplio podemos citar el tránsito de vehículos en una ciudad. Cada conductor sigue un pequeño número de reglas básicas que esencialmente son, transitar por el carril que corresponde, evitar la colisión con otros vehículos, y hacer parada cuando corresponde. Pero en conjunto, cuando se ve desde una cierta altura, el tráfico parece cobrar vida (Wolpert y Turner, 1999).

Yo sostengo que el término "inteligencia colectiva" es tal vez excesivo para este tipo de sistemas complejos relativamente "simples". Más bien sería, en el mejor de los casos, una inteligencia primitiva, rudimentaria y en ciernes. Al comparar una colonia de hormigas o tal vez un grupo humano antiguo con la filogenia de los organismos multicelulares nos damos cuenta que las mismas limitaciones de los primeros metazoos —como los celentéreos discutidos anteriormente— se aplican al hormiguero o a la sociedad humana primitiva, pero en un nivel de complejidad evolutiva más alta. Aunque muy bien estructurado, el comportamiento ordenado entre individuos dentro de la colonia de hormigas es dictado principalmente por medio de señales químicas, sistema lento que requiere de proximidad entre los participantes. Los tipos de comunicación visual, auditiva y táctil también necesitan de una relativa proximidad.

Las formas primitivas y lentas de comunicación pueden actuar como factores de restricción que impiden la evolución hacia mayor complejidad. A pesar de la existencia de hormigueros gigantescos, el mantenimiento de su estructura se rige principalmente por el contacto directo y gradientes químicos. Si decimos que una medusa es inteligente, bueno, podríamos aplicar también el término a la colonia de hormigas. No hace falta decir que la diferencia en inteligencia entre un metazoo radial primitivo como una medusa y un mamífero superior como un elefante, un delfín o un ser humano, es abismal. Del mismo modo, para generar el salto de la inteligencia colectiva primitiva de la comunidad de hormigas a la gran inteligencia comunitaria es necesario desarrollar métodos de comunicación más rápidos que puedan actuar a mayores rangos de distancias. El surgimiento de una verdadera gran inteligencia colectiva de una complejidad superior no se ha verificado aun en nuestra Tierra, pero es probable que encuentre el camino a través de la especie humana.

Memes y el lenguaje hablado

Nuestra especie está estrechamente relacionada con los grandes simios: chimpancés, bonobos, gorilas y orangutanes. Pero a diferencia de ellos, los humanos desarrollamos un aparato vocal que permite realizar una amplia gama de combinaciones de sonidos que confieren una capacidad de comunicación más fluida entre los miembros de una población. Aunque existe una gran variedad de aves canoras y de mamíferos marinos capaces de articular sonidos complejos con posibles connotaciones culturales (Comins y Gentner, 2013; Cantor y Whitehead, 2013), esta es una característica necesaria pero no suficiente para el desarrollo de un verdadero lenguaje complejo. Por otra parte, los chimpancés poseen el nivel de inteligencia necesario para la comprensión del lenguaje abstracto, especialmente gestual. Sin embargo carecen de las estructuras necesarias para la expresión de combinaciones más complejas de sonidos, aunque es posible que el rudimento para la comprensión de los sonidos lingüísticos pudiera haber estado ya presente en el ancestro común de los chimpancés y los seres humanos (Taglialatela, 2011).

Pero nosotros los seres humanos tenemos ambas cualidades plenamente desarrolladas: los mecanismos de abstracción mental y el aparato vocal. El desarrollo de la capacidad de fonación se atribuye a una variante de un gen llamado FOXP2 (Fisher y Scharf, 2009; Ayub y col., 2013), que codifica para un factor de transcripción que regula la activación de alrededor de 100 genes más. El *Homo neanderthalensis*, una especie paralela a los humanos modernos —y a la vez nuestros ancestros en una pequeña parte — que se originó en Europa hace unos 230,000 años poseía la misma variante nuestra, por lo que los investigadores creen que era capaz de comunicarse a través del habla (Kraus y col., 2007). La aparición del lenguaje requiere del desarrollo de dos regiones del cerebro: el área de Wernicke, que participa en la comprensión y se describe como el centro del significado y de la estructura de los sonidos, y el área de Broca, relacionada con la emisión y referida como el asiento de la gramática (Fisher y Marcus, 2006). Incluso es posible que estas estructuras del lenguaje ya hayan estado desarrolladas en el ancestro de los humanos, el *Homo habilis*, hace ya más de un millón de años, como ha inferido Tobias (1991) a partir de estudios de moldes construidos con cráneos fósiles que sugieren la existencia de un área de Broca bien delimitada en esa especie.

La inteligencia humana junto con nuestra capacidad para comprender y transformar nuestro entorno se debe a muchos factores evolutivos actuando en concertación. La marcha erguida permitió una mayor movilidad de las extremidades superiores que a su vez permitió la elaboración y manipulación de herramientas; la visión binocular estereoscópica fue determinante en las actividades relacionadas con la caza, aumentado su eficiencia; y la disminución de la edad gestacional se tradujo en niños prematuros con un período de aprendizaje mayor y volúmenes cerebrales más grandes, un proceso llamado encefalización (Ciochon y Fleagle, 1987).

Todos los factores mencionados han sido necesarios en la aparición de los seres humanos como especie exitosa, sin embargo, es el lenguaje el que en gran medida permitió el desarrollo de comunidades más grandes y complejas, esto, debido a la cohesión que permite la comunicación mediante la transmisión de ideas y sentimientos abstractos a los compañeros en una forma sencilla. Con la capacidad de comunicar ideas, la caza fue más grande y exitosa. También permitió la planificación anticipada de cada paso de la cacería. Nombrar cada una de las variedades de frutas y raíces facilitó la obtención de alimentos, y la nueva capacidad de compromiso social determinada por el lenguaje permitió la crianza comunal de los niños por parte de las mujeres, con el consiguiente aumento en la probabilidad de supervivencia de los jóvenes. La socialización a través del habla contribuyó a ampliar las relaciones del grupo. Por otro lado, la palabra hablada dio un gran impulso a la enculturación.

En sí misma la cultura es una cualidad que no se limita a los seres humanos. Por ejemplo, la existencia de un proceso de enculturación en chimpancés ha sido ampliamente demostrada (Whiten, 2005). Los grupos de chimpancés que viven en diferentes regiones adquieren habilidades propias de su grupo. Sin embargo, con el desarrollo del lenguaje hablado la enculturación recibió un gran impulso al permitir la clasificación de los elementos (sustantivos) y de las acciones (verbos) aumentando el flujo de ideas. Por el contrario, la cultura de los chimpancés es solo demostrativa. Con la aparición del lenguaje la vida experimentó un nuevo gran salto. Como corredores en una carrera de relevos la tarea de almacenar y transmitir información de una generación a la siguiente pasó del dominio casi exclusivo de los genes a su equivalente en un nivel más alto, es decir, los memes (Dawkins, 2006), elementos emergentes de la complejidad de los cerebros humanos. Y como resultado una gran parte de la evolución de la materia viva se trasladó a nuevas formas de evolución cultural, verbigracia la tecnológica. Los genes humanos siguen evolucionando y adaptándose, pero los memes son los principales responsables de la evolución hacia niveles más altos de complejidad.

Metropolis y la palabra escrita

La historia nació con la escritura, y con ella, comenzó una nueva era para la humanidad. La escritura ha permitido el desarrollo y el mantenimiento de leyes, códigos y normas que regulan y unifican a las sociedades, así como la recopilación de las ciencias y las artes. En general, permite a todos los elementos de la cultura acumularse y transmitirse con precisión de generación en generación. No es de extrañar que la escritura se desarrollara junto con la agricultura y la ganadería, que permitieron una rápida expansión de la población humana. Las primeras grandes civilizaciones florecieron en las orillas de los ríos que se utilizaron como fuentes de agua para el riego de cultivos, como la Mesopotamia (actual Irak) entre el Éufrates y el Tigris, la civilización egipcia a orillas del Nilo, y la civilización china a orillas del río Amarillo (Keightley y Barnard, 1983; Daniels y Bright, 1996; Mitchell, 1999). Y con el sedentarismo comenzó la evolución de la comunidad humana hacia el superorganismo.

Las poblaciones humanas aumentaron en tamaño no solo gracias a la producción de alimentos sino también a los avances en el transporte y las comunicaciones. El uso de animales impulsó el transporte de bienes y las relaciones entre los individuos, que entonces se pudieron comunicar a través de documentos portados por mensajeros a caballo o camello: los primeros correos. Los animales se convirtieron en una parte importante de las relaciones comerciales entre las naciones. Los burros fueron utilizados ampliamente como animales de carga en Egipto desde el cuarto milenio A.C., y en Etiopía desde 2270 A.C. Los registros históricos revelan el empleo de camellos con fines militares desde el primer milenio A.C. (Knauf, 1983; Blench, 2000). En la Europa medieval, los emisarios a caballo reemplazaron a los mensajeros a pie permitiendo una comunicación más rápida no sólo dentro de la misma ciudad, sino entre ciudades (Small, 1990). El comercio y la migración se vieron aumentados por la incorporación de estos animales, lo que favoreció la cohesión de ciudades-estado para formar grandes imperios. El mundo comenzó a acortarse.

La navegación aumentó el rango de acción del ser humano. Gracias a ella pudimos poblar y conquistar continentes y los lugares más remotos del planeta. Ya hace unos 50,000 años se utilizaron balsas de bambú en el proceso de poblamiento de las islas del Sudeste del Pacífico (Horridge, 1995). Las migraciones terrestres y marítimas desde Asia a través del estrecho de Bering hace más de 15,000 años condujeron al poblamiento de Norte, Centro y Sudamérica (Reich y col., 2012). El transporte marítimo permitió a los europeos del siglo 16 descubrir y conquistar las Américas en lo que ha sido uno de los mayores choques culturales en la historia (como ejemplo, algunos detalles sobre el exterminio de la población indo-americana en Honduras se pueden encontrar en Newson, 1986). Sin embargo, a pesar de que el mundo estaba más conectado las poblaciones aún vivían en un relativo aislamiento. La revolución industrial de los siglos 18 y 19 daría lugar a una serie de inventos en el campo de la comunicación que allanarían el camino para el siguiente gran salto: la comunidad global.

La revolución industrial fue el descubrimiento de lo que la naturaleza sabía desde el principio de la vida. En pocas palabras, que la especialización de los individuos en una pequeña parte del proceso es más eficiente que todo el mundo haciendo todo (Moore, 1959). Nacía la línea de producción, y con ella, la economía de escalas. La cantidad de bienes producidos aumentó y el costo de su producción disminuyó, y como consecuencia los precios bajaron. La disponibilidad de bienes y servicios en los centros de producción en las ciudades pronto condujo a un proceso de convergencia de las poblaciones provenientes de pequeñas comunidades rurales autónomas. La humanidad comenzó a experimentar un éxodo rural-urbano sin precedentes, fenómeno conocido como urbanización, haciendo que muchas ciudades del mundo superaran el umbral de los 10 millones de habitantes a lo largo del siglo 20 (Figura 11) (Kabisch y Haase, 2011; McCann y Acs, 2011).

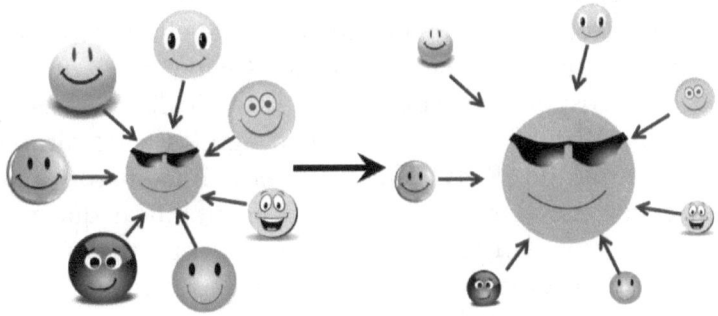

Figura 11. El incremento en la magnitud de las migraciones del campo a la ciudad fue una de las características sobresalientes del siglo 20. Por primera vez en la historia de la humanidad la mayoría de la población del mundo se agrupó en los grandes centros de producción.

Inicialmente en el mundo industrializado y luego en el resto del orbe, el transporte rápido permitió una distribución más eficiente de los bienes y el traslado de los trabajadores desde sus casas a los lugares de producción, gracias a la invención de la máquina de vapor y del motor de combustión interna, impulsando el desarrollo de las ciudades (Abrams y col, 2009; Jordán, 2011; Ogun, 2010). Las urbes se convirtieron gradualmente en centros complejos de producción caracterizados por poseer redes viales a lo largo de las cuales transitaban los vehículos de alta velocidad impulsados por el petróleo. La complejidad se acumulaba rápidamente en el nivel de la comunidad, que ahora era la gran ciudad. La evolución de la metrópolis hacia el superorganismo humano estaba en marcha.

Mientras tanto, estos superorganismos en desarrollo se han acercado entre sí debido al transporte de mercancías y personas a velocidades difíciles de imaginar hace sólo unas pocas generaciones. Finalmente, el sueño dorado se cumplió y la humanidad se aventuró en el aire. El transporte aéreo comenzó a acercar a las ciudades entre sí convirtiéndose en uno de los factores que conducen al superorganismo global. Su herencia, los vuelos interplanetarios, podrían permitir la futura conquista y poblamiento de otros mundos, y por consiguiente el desarrollo de comunidades de superorganismos globales (planetarios) unidos en una red de transporte interplanetario. Cuando los hermanos Wilbur y Orville Wright se lanzaron como águilas a las alturas desde las llanuras de Kitty Hawk, nunca imaginaron que preparaban el terreno para cortar el cordón umbilical que nos conecta con nuestro planeta. Recordemos que nuestro camino hacia la complejidad comenzó en el interior de las estrellas, con la creación de los elementos necesarios para la vida. Nuestra marcha hacia niveles de mayor complejidad nos llevará de nuevo a ellas.

Literatura citada

De Marais DJ (2000). Evolution. When did photosynthesis emerge on Earth? Science. 289(5485):1703-5.

Miller MB, Bassler BL (2001). Quorum Sensing in Bacteria. Annual Review of Microbiology. 55:165-199.

Abrams BA, Li J, Mulligan JG (2009). The Steam Engine and US Urban Growth During the Late Nineteenth Century. Working papers series. Universidad de Delaware. (No. 09-06).

Andouze J, Silk J (1995). The first generation of stars: first steps toward chemical evolution of galaxies. The Astrophysical Journal Letters. 451(2):L49.

Antunes C, Ferreira R, Michelle, Buckner M, Finlay B (2010). Quorum sensing in bacterial virulence. Microbiology. 156(8): 2271-2282.

Ayub Q, Yngvadottir B, Chen Y, Xue Y, Hu M y col (2013). FOXP2 targets show evidence of positive selection in european populations. The American Journal of Human Genetics. 92(5):696–706.

Bhattacharya D, Yoon HS, Hackett JD (2004). Photosynthetic eukaryotes unite: endosymbiosis connects the dots. Bioessays. 26(1):50-60.

Blench RM (2000). A history of donkeys, wild asses and mules in Africa. En: The origins and development of African livestock: Archaeology, genetics, linguistics and ethnography, 339-354. UCL Press.

Bouvier A, Wadhwa M (2010). The age of the solar system redefined by the oldest Pb-Pb age of a meteoritic inclusion. Nature Geoscience. 3:637–641.

Bromm V, Yoshida N, Hernquist L, McKee CF (2009). The formation of the first stars and galaxies. Nature. 459(7243):49-54.

Busso M, Maiorca E, Magrini L, Randich S, Palmerini S y col. (2010). News from Low Mass Star Nucleosynthesis and Mixing. arXiv preprint arXiv:1012.2546.

Cantor M, Whitehead H (2013). The interplay between social networks and culture: theoretically and among whales and dolphins. Philosophical Transactions of the Royal Society B: Biological Sciences. 368(1618): 20120340-20120340.

Ciochon RL, Fleagle JG (1987). Primate evolution and human origins. Nueva York: Aldine de Gruyter.

Comins JA, Gentner TQ (2013). Perceptual categories enable pattern generalization in songbirds. Cognition. 128(2):113-118.

Committee on Grand Research Questions in the Solid-Earth Sciences, National Research Council (2008). Origin and Evolution of Earth: Research Questions for a Changing Planet. The National Academies Press. Washington D.C.

Daniels PT, Bright W (1996). The world's writing systems (Vol.

198). Nueva York: Oxford University Press.

Dawkins R (2006). The selfish gene (No. 199). Oxford: Oxford University Press.

Dickschat JS (2010). Quorum sensing and bacterial biofilms. Natural Products Report. 27: 343-369.

Eick GN, Thornton JW (2011). Evolution of steroid receptors from an estrogen-sensitive ancestral receptor. Molecular and Cellular Endocrinology. 334(1–2):31–38.

Fields BD, Olive KA (2006). Big bang nucleosynthesis. Nuclear Physics A. 777: 208-225.

Fisher SE, Marcus GF (2006). The eloquent ape: genes, brains and the evolution of language. Nature Reviews Genetics. 7(1):9-20.

Fisher SE, Scharff C (2009). FOXP2 as a molecular window into speech and language. Trends in Genetics. 25(4):166-177.

Fux CA, Costerton JW, Stewart PS, Stoodley P (2005). Survival strategies of infectious biofilms. Trends in microbiology. 13(1): 34-40.

Gershon MD (1981). The enteric nervous system. Annual Review of Neuroscience. 4:227-272.

Glenn-Northcutt R (2012). Evolution of centralized nervous systems: Two schools of evolutionary thought. Proceedings of the National Academy of Sciences (USA). 109 (Suplemento 1): 10626-10633.

Gold B, Albrecht A (2003). Next generation tests of cosmic inflation. Physical Review D. 68(10):103518.

Goncharov AS, Linde AD, Mukhanov VF (1987). The global structure of the inflationary universe. International Journal of Modern Physics A. 2(03):561-591.

Gray MW, Burger G, Lang BF (1999). Mitochondrial evolution.

Science. 283(5407):1476-1481.

Gurdon JB, Bourillot PY (2001). Morphogen gradient interpretation. Nature. 413(6858):797-803.

Hinshaw G, Weiland JL, Hill RS, Odegard N, Larson D y col. (2009). Five-year Wilkinson Microwave Anisotropy Probe observations: Data processing, sky maps, and basic results. The Astrophysical Journal Supplement Series. 180(2): 225.

Hornung C, Poehlein A, Haack FS, Schmidt M, Dierking K, y col. (2013). The Janthinobacterium sp. HH01 Genome Encodes a Homologue of the V. cholerae CqsA and L. pneumophila LqsA Autoinducer Synthases. PLoS ONE. 8(2):e55045.

Horridge A (1995). The Austronesian Conquest of the Sea — Upwind. En: The Austronesians: historical and comparative perspectives. 134-51.

Hsu KJ, Oberhänsli H, Gao JY, Shu S, Haihong C, Krähenbühl U (1985). 'Strangelove ocean' before the Cambrian explosion. Nature. 316: 809-811.

Jacob S, McClintock MK, Zelano B, Ober C (2002). Paternally inherited HLA alleles are associated with women's choice of male odor. Nature Genetics. 30(2):175-9.

Jensen MO, Jogini V, Borhani DW, Leffler AE, Dror RO y col. (2012). Mechanism of voltage gating in potassium channels. Science Signaling. 336(6078):229.

Jordan AL (2011). The Historical Influence of Railroads on Urban Development and Future Economic Potential in San Luis Obispo. Master's Thesis. California Polytechnic State University - San Luis Obispo.

Kabisch N, Haase D (2011). Diversifying European agglomerations: evidence of urban population trends for the 21st century. Population, space and place. 17(3):236-253.

Keightley DN, Barnard N (1983). The origins of Chinese civilization (Vol. 1). University of California Press.

Knauf EA (1983). Midianites and Ishmaelites. Sawyer and Clines. 147-162.

Knoll AH, Carroll SB (1999). Early Animal Evolution: Emerging Views from Comparative Biology and Geology. Science. 284(5423):2129-2137.

Krause J, Lalueza-Fox C, Orlando L, Enard W, Green RE y col. (2007). The derived FOXP2 variant of modern humans was shared with Neandertals. Current Biology. 17(21): 1908-1912.

Kurki-Suonio H, Matzner RA, Olive KA, Schramm DN (1990). Big bang nucleosynthesis and the quark-hadron transition. The Astronomical Journal. 353:406-410.

Kwork S (2004). The synthesis of organic and inorganic compounds in evolved stars. Nature. 430(7003):985-991.

Liebeskind BJ, Hillis DM, Zakon HH (2011). Evolution of sodium channels predates the origin of nervous systems in animals. Proceedings of the National Academy of Sciences USA. 108(22):9154-9159.

Majumdar S, Datta S, Roy S (2012). Mathematical Modeling of Quorum Sensing and Bioluminescence in Bacteria. International Journal of Advances in Applied Sciences. 1(3): 139-146.

McCann P, Acs ZJ (2011). Globalization: countries, cities and multinationals. Regional Studies. 45(1):17-32.

Mitchell L (1999). Earliest Egyptian Glyphs. Archaeology. 52(2). Disponible en el internet en: http://archive.archaeology.org/9903/newsbriefs/egypt.ht ml. Accesado en diciembre de 2012.

Moore FT (1959). Economies of Scale: Some statistical Evidence. Quarterly Journal of Economics. 73(2):232–245.

Newson LA (1986). The cost of conquest: Indian decline in Honduras under Spanish rule (Vol. 20). Boulder, Colorado: Westview Press.

Nusslein-Volhard C (1996). Gradients that organize embryo development. Scientific American. 275(2):54.

Ogun TP (2010). Infrastructure and poverty reduction: implications for urban development in Nigeria. En: Urban Forum. Springer Netherlands. 21(3):249-266.

Oparin AI (1952). The Origin of Life. Nueva York: Dover.

Orgel LE (1998). The origin of life—a review of facts and speculations. Trends in Biochemical Sciences. 23(12):491-495.

Penzias AA, Wilson RW (1965). A Measurement of Excess Antenna Temperature at 4080 Mc/s. Astrophysical Journal Letters. 142:419-421.

Peretó J, López-García P, Moreira D (2004). Ancestral lipid biosynthesis and early membrane evolution. Trends in Biochemical Sciences. 29(9):469-477.

Petersen KW (1990). Evolution and taxonomy in capitate hydroids and medusae (Cnidaria: Hydrozoa). Zoological Journal of the Linnean Society. 100(2):101-231.

Ratcliff WC, Denison RF, Borrello M, Travisano M (2012). Experimental evolution of multicellularity. Proceedings of the National Academy of Sciences USA. 109(5):1595-1600.

Reich D, Patterson N, Campbell D, Tandon A, Mazieres S y col. (2012). Reconstructing native American population history. Nature. 488(7411):370-374.

Reuter M, Gustafsson MKS (1995). The flatworm nervous system: Pattern and phylogeny. En: The Nervous Systems of Invertebrates: An Evolutionary and Comparative Approach. Experientia Supplementum. 72: 25-59.

Ribaric M, Sustersic L (1985). A classical model of unified electroweak forces—I. Il Nuovo Cimento A Series II. 88(3):325-349.

Sagan L (1967). On the origin of mitosing cells. Journal of Theoretical Biology. 14(3):225–274.

Salvini-Plawen L (2008). Photoreception and the polyphyletic evolution of photoreceptors (with Special reference to Mollusca). American Malacological Bulletin. 26(1-2): 83-100.

Small CM (1990). Messengers in the County of Artois, 1295-1329. Canadian Journal of History, 25(2):163-175.

Stanley, SM (1973). An ecological theory for the sudden origin of multicellular life in the late Precambrian. Proceedings of the National Academy of Sciences (USA). 70:1486-1489.

Syed T, Schierwater B (2002). Trichoplax adhaerens: discovered as a missing link, forgotten as a hydrozoan, re-discovered as a key to metazoan evolution. Vie et Milieu. 52(4):177-188.

Taglialatela JP, Russell JL, Schaeffer J A, Hopkins WD (2011). Chimpanzee vocal signaling points to a multimodal origin of human language. PLoS One. 6(4):e18852.

Taylor FJR (1980). On dinoflagellate evolution. Biosystems. 13(1–2):65-108.

Tobias PV (1991). The skulls, endocasts, and teeth of Homo habilis. Vol. 4. Cambridge University Press.

Tucker ME (1992). The Precambrian–Cambrian boundary: seawater chemistry, ocean circulation and nutrient supply in metazoan evolution, extinction and biomineralization. Journal of the Geological Society. 149(4):655-668.

Ueya N, Shirai O, Kushida Y, Tsujimura S, Kano K (2012). Transmission mechanism of the change in membrane potential by use of organic liquid membrane system. Journal of Electroanalytical Chemistry. 673:8-12.

Valley JW, Peck WH, King EM, Wilde SA (2002). A cool early Earth. Geology. 30(4):351-354.

Wall M (2012). Ancient galaxy may be most distant ever seen.

Disponible en internet en http://www.space.com. Accesado en diciembre, 2012.

Whiten A (2005). The second inheritance system of chimpanzees and humans. Nature. 437(7055):52-55.

Widmar J, Sundström G, Daza DO, Larhammar D (2011). Differential evolution of voltage-gated sodium channels in tetrapods and teleost fishes. Molecular Biology and Evolution. 28(1):859-871.

Wilde SA, Valley, JW, Peck WH, Graham CM (2001). Evidence from detrital zircons for the existence of continental crust and oceans on the Earth 4.4 Gyr ago. Nature. 409:175–178.

Wilkens JL (1999). Evolution of the Cardiovascular Systems in Crustacea. American Zoologist. 39 (2):199-214.

Wilson EO (2012). The social conquest of earth. Liveright.

Woese CR (2002). On the evolution of cells. Proceedings of the National Academy of Sciences of the United States of America. 99(13):8742–8747.

Wolpert DH, Tumer K (1999). An introduction to collective intelligence. arXiv preprint cs.LG/9908014.

Parte 2. Los elementos de la evolución a la complejidad

"La simplicidad es la máxima sofisticación".

—Leonardo da Vinci

Transmisión eléctrica y disponibilidad de información

Recordemos que la comunicación entre personas en lugares distantes antes de la era industrial se llevaba a cabo por mensajeros a caballo, burros o camellos. Pero una serie de descubrimientos sobre la electricidad pavimentarían el camino hacia la comunidad global. En 1832 Samuel Finley Breeze Morse, Joseph Henry y Alfred Veil inventaron un dispositivo para transmitir señales eléctricas entre dos estaciones, y para el final del siglo 19 la mayor parte del mundo ya se encontraba interconectada por el telégrafo (Hochfelder, 2010). La transmisión eléctrica fue una verdadera revolución, y un tiempo después, Alexander Graham Bell inventaba el teléfono, dispositivo que permitió la transmisión de voz (aunque aún existe controversia con respecto a quién lo inventó: Beauchamp, 2010).

El reconocimiento del hecho de que la transmisión de imágenes y sonido al gran público podía hacerse sin un medio físico a través de ondas electromagnéticas de baja frecuencia, dio a luz a los medios masivos de comunicación (radio y televisión). Pero la verdadera revolución de las comunicaciones se originó con la invención de la Internet y la *World Wide Web* (Leiner y col., 2009; Hendler y Berners-Lee, 2010). La red permite el acceso universal al conocimiento, las últimas noticias, y un aumento en el número de relaciones interpersonales. El Internet permite maneras totalmente nuevas de dar rienda suelta a la creatividad personal. Lo único que se necesita es un dispositivo adecuado y conectividad de red. Hoy en día estas conexiones son cada vez más ubicuas.

Muchas veces escucho críticas sobre la forma en que a diario se nos bombardea con información. Tenemos la televisión, la radio, y ahora el Internet por lo que es cada vez más difícil decidir qué ver y escuchar. Es un hecho que de la gran cantidad de datos que tenemos a nuestra disposición sólo utilizamos un pequeño porcentaje. Así que, ¿por qué tanta información si la mayor parte de ella no se utilizará? ¿Es que acaso no es un desperdicio de recursos?

Para ilustrar que la cantidad total de información no es un desperdicio de recursos, sino por el contrario, debe estar disponible para todos los elementos de un sistema que evoluciona hacia una mayor complejidad, me voy a referir a un caso similar en un nivel inferior. Los organismos multicelulares tienen toda la información necesaria para su —o debería decir nuestra— propia construcción y operación almacenada dentro de cada una de sus células. La adquisición de la información genética ha costado miles de millones de años de ensayo y error. Toda esa información está compactada en forma de ADN empaquetado en los cromosomas ubicados dentro el núcleo celular. Ahora, una célula en particular sólo necesita una pequeña fracción de esa información para sobrevivir y ejercer su función en el organismo. No obstante, cada una de las células de los organismos multicelulares tiene el total de la información del ADN disponible. Esto permite que cualquier célula tenga el potencial para llevar a cabo cada función celular. Sin embargo, durante el proceso de diferenciación de una célula la mayoría de su genoma es silenciado, ya sea por medio un proceso de metilación de los genes, o por la síntesis de ARN pequeños cuya función es el silenciamiento genético (Moazed, 2009; Raynal y col., 2012). Del mismo modo, el hecho de que la información universal esté disponible para todos los seres humanos nos permite seleccionar fácilmente aquella que será para nuestro beneficio. Es el acceso a la información universal junto con la inventiva humana, la especialización y la colaboración lo que está causando que el conocimiento y el progreso se expandan a un ritmo exponencial (Figura 12).

Otro ejemplo notable es el lenguaje. Una población dada tiene a su disposición una extraordinaria riqueza de palabras, sin embargo, no todas son utilizadas por todas las personas y esto es más evidente en los lenguajes técnicos. Un especialista en la práctica de su profesión utiliza sólo las palabras que corresponden a su área particular de conocimiento y no a otras, aunque el conjunto completo de los términos técnicos de todos los campos está disponible a través de libros o Internet. Silenciamos la mayor parte de nuestro lenguaje y utilizamos solo el que necesitamos en nuestras transacciones sociales y el trabajo diario. Por lo tanto, vemos aquí cómo el lenguaje refleja el proceso de estructuración dada por la especialización (división del trabajo), lo que resulta en sociedades más complejas, pero el lenguaje total y completo se encuentra disponible para todos.

Figura 12. De la misma manera en la que una célula cuenta con toda la información genética del organismo al que pertenece, el habitante del superorganismo tiene a su disposición toda la información de su

civilización; a pesar de ello tanto la célula como el habitante utilizan tan solo una pequeña fracción.

Los seres humanos en la sociedad moderna lenta y cadenciosamente nos asemejamos cada día a las células de un organismo multicelular. Toda la información está disponible para cada célula, pero cada una utiliza sólo una fracción, y cada una está interconectada de alguna manera con todas las demás. Como una célula depende de otras para sobrevivir, nosotros dependemos de nuestros congéneres cada día más. En el proceso evolutivo de la integración en el cuerpo la célula pierde la mayor parte de sus funciones para especializarse en unas pocas. Mientras la comunidad mundial crece en complejidad, cada vez somos menos capaces de sobrevivir por nuestra cuenta (Vespignani, 2010). Cada uno de nosotros se está convirtiendo en pequeña parte de un superorganismo.

Fractalidad

Los fractales son objetos irregulares a los que no se pueden aplicar las reglas geométricas clásicas y que además presentan una auto-similitud, comportándose según una ley de potencias. Es decir, si tomamos una de las partes del objeto esta será similar al conjunto. Los fractales más conocidos son los de la serie de Mandelbrot (descubiertos por el matemático polaco Benoît Mandelbrot), producidos mediante algoritmos que utilizan ecuaciones simples (Mandelbrot, 1982). La fractalidad es una característica común de muchos objetos naturales, y sus aplicaciones en las ciencias biomédicas han sido exploradas hasta cierto punto (Grizzi y col., 2007; Lopes y Betrouni, 2009; McNally y Mazza, 2010; Xing y col., 2012). El mismo Mandelbrot colocó a la coliflor como ejemplo. Si se corta un pedazo de este vegetal se observará su extrema similitud con el total. Si a continuación se recortara esa parte un poco más, aparecerá una nueva coliflor en miniatura, y este patrón continuará hasta que algunas restricciones de escala comiencen a aparecer.

Hay varios tipos de fractalidad de acuerdo con el grado en el que se respete la auto-similitud. Un fractal generado por un programa de computadora a partir de una ecuación puede seguir reglas fijas y como resultado presentará auto-similitud exacta. La exactitud por lo general está ausente en las formas naturales y por eso tenemos cuasi-similitud (como la coliflor del ejemplo de Mandelbrot). En cambio, en la fractalidad estadística la auto-similitud es sólo una tendencia a diferentes escalas. Los niveles de complejidad en la vida y sus sistemas derivados exhiben una gran cantidad de cuasi-similitud, similitud estadística, o (especialmente) lo que se conoce como multifractactalidad, en la que una sola dimensión fractal no es suficiente para explicar la dinámica de todo el sistema (Spencer y col., 2009). En otras palabras y aplicado a la evolución hacia la complejidad, en un sistema vivo los fenómenos y comportamientos observados en un nivel se asemejan mucho o de algún modo a los que se producen en otro nivel.

Elementos informativos y árboles filogenéticos. Pongamos como ejemplo un gen (y llamémoslo gen A) del genoma humano y luego sumerjámonos en la tarea de secuenciarlo, es decir, de leer una por una todas las letras (que pueden ser de cuatro tipos, A, T, C y G) del fragmento de ADN que contiene al gen como si se tratara de una página de un libro. Ahora, vamos a buscar un gen que tenga una secuencia muy similar, pero en otra especie, como por ejemplo un ratón. No nos extrañaría entonces que el gen A del ratón tuviera la misma función que el gen A en los seres humanos. Ahora, vamos a buscar los genes con funciones similares al gen A en muchas otras especies, resultando entonces que cada una de ellas tiene su propia versión del mencionado gen. Luego, comparemos las secuencias del gen A en todas ellas. A partir de la similitud de las secuencias entre pares de especies —es decir, del número de posiciones en las que ambas especies tienen la misma letra— podemos construir un árbol filogenético que nos revelará la relación entre ellas, y por lo tanto su historia evolutiva. Dos ramas del árbol representan dos especies, y el tronco del que se derivan es el antepasado común. A medida que avanzamos hacia las ramas comunes más gruesas y finalmente al tronco común, nos estamos moviendo hacia atrás en el tiempo. Estos genes con funciones similares y un alto grado de semejanza en sus secuencias (homología) entre especies se denominan ortólogos (Frazer y col., 2003; Small y col., 2004).

Ahora, ya no secuenciemos solo un gen, sino el genoma completo con todos los 23 mil genes contenidos en el genoma humano. A continuación vamos a comparar las secuencias de todos los genes de ese genoma. Resulta entonces que muchos de ellos comparten diversos grados de homología. Es posible que un gen, llamémoslo de nuevo A, se asemeje más al gen B que al C, por lo que se infiere un mayor grado de parentesco entre los genes A y B. Basándonos en este hecho —la homología entre los genes dentro del genoma de una sola especie— podemos construir un árbol filogenético ya que algunos genes se han originado a partir de otros por medio de un mecanismo de duplicación. Es decir, dos genes específicos pueden tener un gen ancestro común que en algún momento histórico se duplicó, originando dos copias idénticas. Con el paso de muchas generaciones ambos genes acumularon mutaciones, las cuales ocurrieron de manera aleatoria, diferenciándose uno del otro cada vez más. Después de muchas más generaciones, cada uno pudo haber evolucionado para ocupar un nicho funcional específico. Los genes que descienden de un antepasado común en la misma especie se llaman parálogos (Fitch, 1970; Koonin, 2005; Gabaldón y Koonin, 2013).

De ello se deduce que el proceso evolutivo que vemos entre las especies se repite cuando miramos dentro de una sola especie. Así como los genes parálogos humanos reflejan la historia evolutiva de la diversidad genética dentro de nuestro cuerpo, los ortólogos reflejan la historia evolutiva de la diversidad de especies. El proceso de la evolución a nivel molecular es un reflejo del proceso de la evolución en el nivel de especie.

Para exponerlo de una manera más gráfica y apreciar mejor la idea de fractalidad supongamos que construimos un árbol filogenético con las secuencias de los genomas completos de las muchas especies que forman un ecosistema. En el extremo de cada rama tendremos la secuencia de una especie. Sin embargo, un único genoma ubicado en una rama puede a su vez estructurarse como un árbol filogenético utilizando para ello los genes parálogos. Si nos acercamos a las ramas veremos que el árbol de cada una de las especies se asemeja al árbol de todo el ecosistema. Entonces, la evolución de los genes exhibe fractalidad, es decir, lo que sucede en un nivel inferior de complejidad (especie) también ocurre en un nivel superior (ecosistema).

Dejemos los genes a un lado, por el momento. En un nivel de complejidad superior varias características culturales comparten la misma progresión evolutiva experimentada por los genes. Los apellidos, por ejemplo, en la mayoría de países occidentales son heredados por el padre, por lo que su frecuencia puede ser usada por los genetistas para estimar la estructura y la dinámica de las poblaciones a través de técnicas similares a las utilizadas para el estudio de los genes del cromosoma Y (el cual es heredado únicamente de los padres a los hijos varones). Algunos apellidos tienen su origen en modificaciones de otros debido a errores voluntarios o involuntarios a la hora del registro del niño, lo que se asemeja a las mutaciones genéticas. Además, cuando dos poblaciones se unen la abundancia de los apellidos aumenta, lo que se asemeja al incremento de la diversidad genética. Es por ello que la frecuencia de los apellidos se puede utilizar para establecer semejanzas entre unidades de población, como pueblos, ciudades y países, lo que su vez permite la construcción de árboles filogenéticos similares a los obtenidos a partir de datos genéticos. A la técnica matemática utilizada en el análisis de apellidos con la finalidad de dilucidar la estructura genética de las poblaciones se le denomina isonimia (Figura 13). Para ser más exactos, isonimia es la probabilidad de que dos personas con el mismo apellido contraigan matrimonio (Crow y Mange, 1965; Jobling, 2001; Colantonio y col., 2003; Scapoli y col., 2007; Herrera-Paz, 2013).

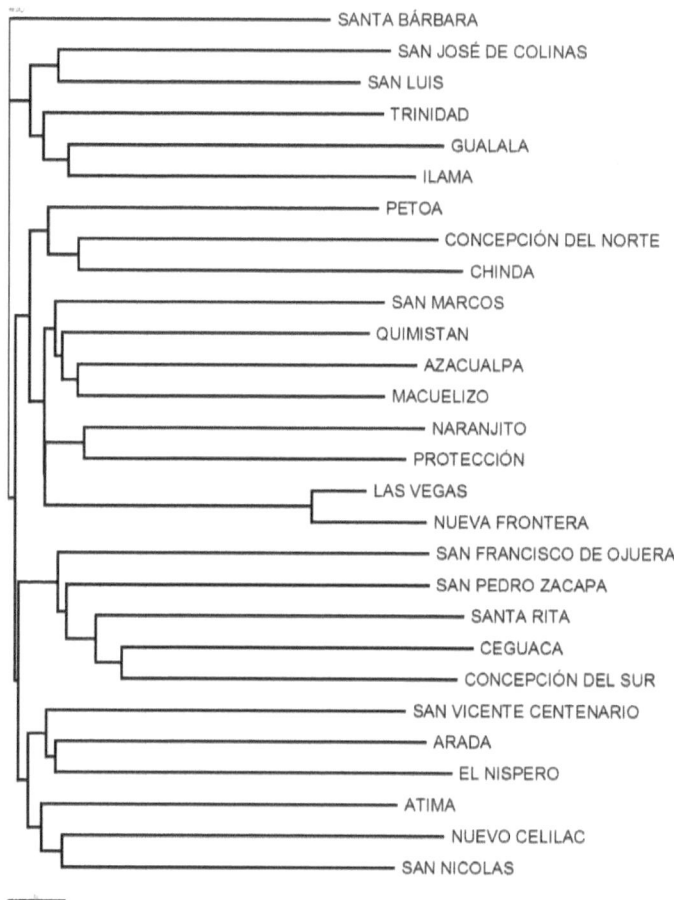

Figura 13. Árbol filogenético (dendrograma) de 28 municipios del departamento de Santa Bárbara, Honduras, construido utilizando la frecuencia de los apellidos. El árbol refleja la estructuración genética del departamento.

Los vocablos que componen un dialecto pueden cambiar un poco de una generación a la siguiente. Los idiomas se enriquecen en cada generación con las expresiones de reciente invención. Algunas palabras tienen su origen en los nuevos descubrimientos e invenciones, pero otras comienzan sus "vidas" como vulgares y humildes, creadas espontáneamente por las hordas de jóvenes. Dicho de otro modo, las palabras nacen en las jergas o en las juergas. Algunas, logran ascender en la escala social a través de las generaciones hasta que llegan a formar parte del lenguaje formal, al igual que aumenta la frecuencia de una variante genética originada por una mutación debido a fuerzas aleatorias o la selección natural. Algunas otras disminuyen progresivamente hasta entrar en desuso, hasta que finalmente desaparecen del lenguaje. Los idiomas, como los genes, se enriquecen con la fusión de dos poblaciones. Debido a que los fonemas y las palabras evolucionan de manera similar a los genes, los árboles filogenéticos construidos a partir de los datos lingüísticos tienden a correlacionarse en alto grado con los construidos a partir de secuencias de ADN (Cavalli-Sforza y col., 1988; Cavalli Sforza, 1997; Dediu, 2013). Incluso los cuentos y leyendas propios de cada cultura presentan patrones de evolución susceptibles de ser estudiados y analizados mediante arboles filogenéticos (Barbrook y col., 1998). Además de los apellidos, los idiomas y las historias, en la evolución cultural hay muchos otros ejemplos de elementos informativos cuya evolución se asemeja a los genes, como las costumbres, las herramientas, las tradiciones y las religiones (Goodenough, 1997; Mesoudi y col., 2004; 2006).

Todas las grandes religiones comparten principios morales y espirituales similares (Schwartz y Huismans, 1995), pero todas evolucionaron en direcciones ligeramente diferentes. Los rituales, las creencias, o incluso la exégesis (la interpretación de los textos sagrados) comparten ascendencia común. Por ejemplo, el cristianismo y el judaísmo comparten un tronco común, pero el primero se dividió en muchas formas tales como el catolicismo romano, la Iglesia Ortodoxa Griega, el presbiterianismo, el congregacionalismo, el cuaquerismo y la iglesia Evangélica. Los rituales y creencias difieren ligeramente incluso dentro de cada

Iglesia, lo que es reflejo de divergencia reciente (Smith, 1990). Por otra parte, la fusión de las culturas puede dar lugar a la mezcla de elementos religiosos, fenómeno referido como sincretismo (Stewart, 1999).

La semejanza en la evolución de los genes con elementos informativos a nivel cultural puede parecer evidente. Esta conexión se origina en el hecho de que las poblaciones tienden a dividirse y a evolucionar por separado (Figura 14). Sin embargo, la mayoría de los fenómenos a diferentes niveles de complejidad muestran un tipo más sutil de similitud que puede encajar en el modelo de multifractalidad.

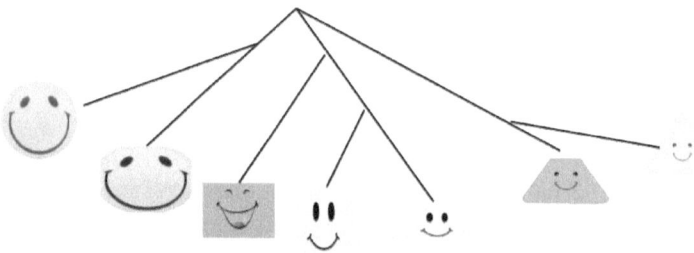

Figura 14. La comparación de elementos informativos — tales como genes, lenguajes, rasgos morfológicos y costumbres, entre muchos otros — entre poblaciones es posible porque al momento de separarse comienzan a evolucionar independientemente. Las diferencias observadas entre pares de poblaciones permiten la construcción de árboles filogenéticos mediante procedimientos matemáticos. La longitud de las ramas entre dos poblaciones es proporcional al tiempo de separación de ambas a partir de un ancestro común.

Células egoístas, células amorosas. El egoísmo se considera, desde el punto de vista moral, como uno de los sentimientos humanos más negativos. Sin embargo, un poco de egoísmo es necesario para la supervivencia y los comportamientos egoístas y altruistas deben estar en un equilibrio aproximado impuesto por la disputa entre la selección individual y la selección de grupo (Wilson y Wilson, 2007; Sober y Wilson, 2011). Si ese es el caso, el altruismo puede ser visto como egoísmo a un nivel más abstracto, determinado por la selección de grupo (Rachlin, 2002). De cualquier manera cuando la manifestación individual o grupal de este comportamiento (el egoísmo) supera un umbral, se corre el riesgo de destruir el cuerpo o sociedad a la que pertenece el ente egoísta. Es entonces cuando el sistema entra en un estado de desequilibrio, y los mecanismos de control son insuficientes para retornarlo al funcionamiento normal.

Yo vivo en una ciudad que hoy por hoy es considerada como la más violenta del mundo. Mi ciudad natal San Pedro Sula, así como el resto de mi país, solía ser un oasis de paz. Durante la guerra fría en los años ochenta tres naciones centroamericanas, El Salvador, Nicaragua y Guatemala, se vieron envueltas en sangrientas revoluciones ideológicas mientras Honduras, ubicada en el centro del istmo, mantenía una tranquilidad casi absoluta. Pero la Guerra Fría terminó y con ella las revoluciones. Durante los años noventa en Honduras (al igual que en el resto de América Central) observamos la aparición de pequeños grupos de delincuentes juveniles que formaron bandas denominadas "maras". Los "mareros" comenzaron a reclutar a otros jóvenes a un punto que el tamaño de los grupos se volvió tan grande que su control se hizo imposible a pesar de la implementación de políticas radicales y leyes anti-pandillas, como "Mano Dura" en El Salvador, " Cero Tolerancia" y la ley "Antimara" en Honduras, y el "Plan Escoba" en Guatemala (Rodgers y col., 2009).

Por otra parte, el tráfico de drogas y los grupos violentos procedentes de otros países de Centro América, Sudamérica y México, comenzaron a extenderse a Honduras. El tráfico de cocaína y el lavado de activos han demostrado ser empresas rentabilísimas, y el reclutamiento de jóvenes para los cárteles y las maras se volvió epidémico. Las medidas firmes derivadas de la guerra contra las drogas adoptadas por México y Colombia desplazaron una parte sustancial de las operaciones del narcotráfico a Centroamérica, especialmente hacia Honduras, en lo que se ha denominado "efecto cucaracha". Hoy, una proporción significativa de la población de adultos jóvenes está involucrada en alguna actividad relacionada con las drogas, y muchos empresarios locales importantes están siendo financiados por el narcotráfico o participan directamente en actividades de lavado de dinero (Dudley, 2010). La violencia se ha extendido tanto que amenaza con mantener al país en la pobreza. La recesión fue provocada, no por el temor a gastar, sino por el miedo de caminar por las calles.

Es difícil evitar comparar el comportamiento de las maras y narcotraficantes con el de una enfermedad autodestructiva llamada cáncer. Ambos —la actividad delictiva y el cáncer— se basan en elementos que emergen del egoísmo desenfrenado. Las células que se niegan a reprimir su impulso de dividirse sin control arrebatándole los nutrientes al resto del tejido en el caso del cáncer, y los delincuentes jóvenes dispuestos a enriquecerse a costa de las vidas de otros, en el caso de las maras y el narco. Al igual que los grupos delictivos, una vez que la población de células malignas supera un límite de crecimiento el cáncer se expande y el tratamiento se vuelve extremadamente difícil y habitualmente fallido.

Las amenazas externas, como el caso de intento de invasión de un país, se asemejan a las infecciones bacterianas. Afortunadamente nuestros cuerpos cuentan con un sistema inmunológico flexible y alerta, siempre preparado para el enfrentamiento. Así como las naciones cuentan con soldados patrullando sus fronteras, nuestra piel y otros tejidos son patrullados por células dendríticas y macrófagos, que una vez descubierto el invasor (patógeno), no dudan en activar la alarma por medio de sofisticados mecanismos de detección (Kumar y col., 2011). Nuestro ejército celular responde rápidamente. Los macrófagos y los linfocitos T y B lideran la guerra. Los soldados (neutrófilos) abandonan la comodidad de sus cuarteles y zonas de patrulla para combatir cuerpo a cuerpo con el invasor. Como los soldados de un país, estos guerreros de la carne están dispuestos a dar su vida por sus compañeros, y como aquellos, también cuentan con un poderoso arsenal armamentístico.

La lucha entre los cuerpos policiales y la delincuencia es una dura competencia. Las maras y los narcotraficantes cambian constantemente sus estrategias para eludir la autoridad. Del mismo modo, los microorganismos que nos enferman mutan constantemente y se esconden para evadir el sistema inmune (Pierce y Miller, 2009; Lin y Shuai, 2010; Sorci y col., 2013). En ocasiones, un grupo de células del sistema inmune ataca a su propio cuerpo originando una enfermedad autoinmune (aunque se han propuesto varios mecanismos para la aparición de estas enfermedades, una comprensión completa de su génesis sigue estando lejos de ser alcanzada, sin embargo, las nueva tecnologías genómicas y de análisis de ARN son prometedoras; Pascual y col., 2010). Independientemente de los mecanismos subyacentes de las enfermedades autoinmunes las similitudes con los entes policiales y funcionarios corruptos coludidos con el crimen organizado me parecen extremas.

Los sistemas inmunológicos se debieron desarrollar desde los comienzos de la vida. Los miembros de los reinos Bacteria y Arquea cuentan con un eficaz armamento de defensa contra los bacteriófagos —los virus que los infectan y destruyen— tales como las llamadas endonucleasas de restricción, verdaderos cuchillos moleculares que descuartizan los ácidos nucleícos del invasor. Recientemente se ha descubierto un nuevo tipo de arma basada en moléculas de ARN producidas por las bacterias para defenderse de sus depredadores virales (Horvath y Barrangou, 2010; Stern y Sorek, 2011; Wiedenheft y col., 2012). Se supone que en los metazoos los sistemas inmunes han evolucionado progresivamente, comenzando con la utilización de armamento de defensa general (sistemas inmunes innatos) hasta aparatos sofisticados y personalizados para la detección y destrucción de objetivos específicos, tales como los receptores de células T y los anticuerpos (sistemas inmunes adaptativos) (Cooper y Alder, 2006). La comparación de estos sistemas con un ejército o una fuerza policial es más que una simple analogía. Ambos tienen las mismas funciones en dos niveles de complejidad diferentes. Los ejércitos son invenciones sociales y los sistemas inmunológicos, biológicos. Los primeros utilizan avanzados dispositivos de comunicación electromagnética para actuar coordinadamente, mientras los segundos se comunican principalmente a través de ligandos químicos llamados citoquinas (Pestka y col., 2004; Huising y col., 2006; Nomiyama y col., 2010). Sin embargo, sus funciones y las estrategias que utilizan son idénticas en principio.

En el otro extremo del espectro encontramos el amor pasional. Los mecanismos neurales y hormonales destinados al apareamiento son potentes y muy abundantes en la naturaleza. En los seres humanos, el comportamiento amatorio es impulsado por hormonas y neurohormonas tales como la testosterona, los estrógenos y la oxitocina (Pfaus y col., 2001; Tetel y Pfaff, 2010; Magón y Kalra, 2011). En la mayoría de las especies animales es el macho el que busca activamente a la hembra debiendo competir con otros machos por sus favores, mientras que es la hembra la que en última instancia toma la decisión (Hunt y col., 2009). Pero no importa quién persigue a quien finalmente todo acaba en copulación. Este comportamiento se refleja en el nivel celular donde un gran contingente de activos espermatozoides se apresura a transitar por los conductos femeninos con el propósito de fertilizar al óvulo, pero sólo uno de ellos tendrá éxito. Por otra parte entre los espermatozoides, además de la competencia por el amor del óvulo se puede observar complejas interacciones sociales, como por ejemplo la llamada conjugación de espermatozoides, un tipo de altruismo en el que algunos ayudan a otros a alcanzar la meta aun a costa de su propio fracaso (Higginson y Pitnick, 2011). El acercamiento físico de los machos hacia las hembras y las interacciones sociales y estrategias subyacentes utilizadas se asemejan a la fertilización (Figura 15).

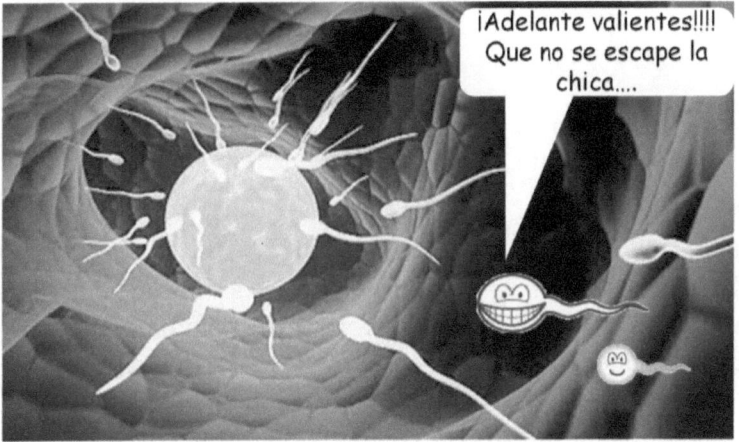

Figura 15. El comportamiento de los espermatozoides en busca del óvulo emula de diversas formas a los machos tras la hembra en muchas especies animales.

La reproducción sexual predomina sobre la asexual en los ambientes de nuestro planeta, a pesar de sus altos costos en consumo de tiempo y energía. Al parecer, la selección natural es más eficiente en presencia de variabilidad genética y esa variabilidad aumenta muchísimo en una población que se reproduce sexualmente, por lo que se adapta más rápido que las asexuales a los medioambientes cambiantes. El sexo garantiza variabilidad, especialmente en los genomas grandes, y esto se logra por medio del intercambio de genes a nivel de individuos (apareamiento) así como a nivel celular (fecundación), pero también a nivel molecular. Las divisiones celulares que dan origen a los óvulos en la mujer y a los espermatozoides en el hombre se denominan meiosis. Dentro del núcleo de la célula, durante la meiosis, cada cromosoma heredado de la madre se empareja con su contraparte, heredado del padre. Luego, ambos cromosomas se unen en un íntimo abrazo e intercambian su material genético en una suerte de apareamiento conocido como recombinación genética, lo que origina cromosomas híbridos (recombinantes) (Hadany y Comeron, 2008; Stower, 2012). En los mecanismos que utilizan los organismos vivos para expresar el amor erótico y la conducta reproductiva, así como en los que utilizan para defenderse y mantener el orden —entre muchos otros— la auto-similitud se hace evidente.

Los estudiantes suelen maravillarse de la similitud entre la estructura del átomo de Bohr-Rutherford y un sistema planetario, como nuestro sistema solar. A pesar de que la descripción del átomo como un núcleo central alrededor del cual orbitan los electrones es una simplificación excesiva (Jeknic-Dugic y col., 2012), detrás de la existencia de ambos tipos de sistemas encontramos idénticos principios fundamentales: una masa central que sujeta a masas más pequeñas por medio de fuerzas naturales, que a su vez pueden ser diferentes expresiones de una única superfuerza operando a diferentes escalas de complejidad. Por mi parte, me maravilla la manera en que el cerebro humano puede servir como un espejo —o tal vez como una caja de resonancia— del universo entero. Eso sólo se puede lograr si la complejidad del propio cerebro humano es similar a la de todo el universo, pero sospecho que la comparación es más que una simple analogía. Más bien se trata de fractalidad.

Separación, Diferenciación y Reencuentro

La construcción de los árboles filogenéticos mencionados en el apartado anterior es posible debido a la diferenciación, que a su vez se debe a la generación de variabilidad genética. Esta variabilidad es necesaria para la evolución, tanto desde el punto de vista darwinista puro, como para el incremento en complejidad (Figura 16).

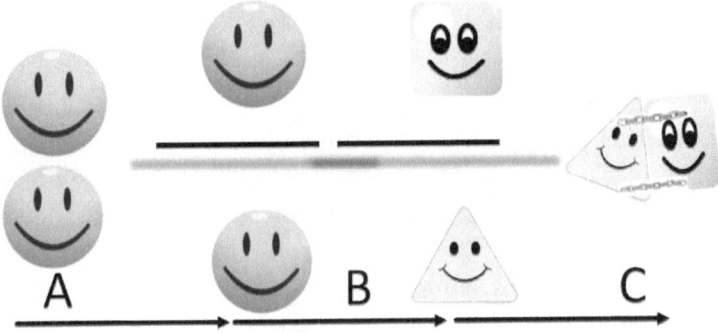

Figura 16. Secuencia "Separación-Diferenciación-Reencuentro. A. Los elementos iguales forman parte de la misma población. B. Los elementos se separan y permanecen separados por una cantidad de tiempo durante el cual se diferencian paulatinamente uno del otro. C. Al reencontrarse, las cualidades adquiridas durante la separación se complementan, aumentado la complejidad.

Recordemos la formación de las primeras células eucariotas que luego evolucionaron hasta los organismos multicelulares actuales. La serie de eventos fue la siguiente: En sus primeros tiempos existía mucha homogeneidad genética entre los organismos unicelulares debido a la Transferencia Genética Horizontal. Aquel mundo bacteriano homogéneo aumentó su población llegando a todos los rincones de la Tierra. Las mutaciones genéticas aleatorias en poblaciones bacterianas aisladas junto con otras fuerzas naturales, tales como la selección natural, comenzaron a diferenciar a las poblaciones. La vida bacteriana se fue diversificando originándose un gran número de especies, cada una con sus propias adaptaciones según su medioambiente aunado esto a los cambios genéticos aleatorios. Cuando tres de estas especies bacterianas se unieron en una relación simbiótica (lo que necesitó millones de años) surgió la célula eucariota, algo completamente diferente con propiedades emergentes, es decir, con características totalmente nuevas surgidas de la simbiosis. Ocurre que la tríada "separación (o aislamiento si se prefiere) - diferenciación - reencuentro" como la observada en este ejemplo es en muchos casos la clave de la evolución hacia la complejidad, y la observamos de forma continua a través de la historia filogenética de muchos organismos.

Una de las teorías predominantes sobre poblamiento del mundo por el *Homo sapiens*, la llamada "Teoría Fuera de África", nos dice que los primeros seres humanos evolucionaron en el continente africano y desde allí se extendieron al resto mundo (Oppenheimer, 2012). Sin embargo, recientes descubrimientos relacionados con la secuenciación de los genomas de humanos arcaicos como el Denisovano y el Hombre de Neanderthal y su comparación con el genoma humano han revelado un poblamiento mucho más complejo del mundo, consistente con el hecho de que una mezcla con estas especies pudo haber tenido lugar (Gibson, 2011). Pero de acuerdo con "Fuera de África" los humanos salieron de ese continente en varias olas migratorias hace entre 60 a 120 mil años, poblando Europa, Asia, Oceanía, y finalmente el continente americano. Cada ola consistía en un puñado de individuos que llevaban consigo sólo una pequeña parte de las variantes genéticas africanas originales, por lo que la composición genética de cada ola era diferente de las demás, lo que se conoce como "efecto fundador" (Li y col., 2008; von Cramon-Taubadel y Lycett, 2008). Cada vez que un grupo de humanos se desplazaba desde una zona geográfica a otra más alejada de África se registraba un efecto fundador. Estos efectos fundadores en serie junto con otras fuerzas locales, como la selección natural y la deriva génica continuaron actuando sobre las poblaciones, diferenciando unas de las otras.

El aislamiento entre dos poblaciones humana es directamente proporcional a la distancia geográfica entre ellas, debido a que al aumentar este parámetro la magnitud de las migraciones históricas entre ambas disminuye, y por ende la homogenización. Por ello, la distancia geográfica es el mejor predictor de diferenciación genética (Marks y col., 2012). Aunque esto es cierto para las poblaciones intracontinentales, el aislamiento entre dos poblaciones que habitan continentes diferentes es mucho mayor debido a las barreras naturales tales como cordilleras y océanos (Handley y col., 2007). Entonces, la diferenciación entre dos poblaciones está dada en función del aislamiento geográfico, la distancia y el tiempo. Los rasgos físicos característicos de cada continente surgieron inicialmente debido al efecto fundador y al fuerte aislamiento, seguido de las variantes regionales dentro de cada continente, y finalmente de las variantes locales y específicas de cada zona. En algunas localidades una pequeña proporción de mezcla con otros homínidos, como el Neanderthal y el Denisovano, pudo contribuir en la diferenciación. Durante la mayor parte del tiempo fuera de África la humanidad se dedicó a poblar la Tierra y a diferenciarse igual que lo hicieran aquellas primeras bacterias durante unos 2 mil millones de años.

Con el advenimiento de nuevas formas de transporte que permitieron a los humanos trasladarse a través de cientos e incluso miles de kilómetros, las incursiones de ejércitos y de pueblos enteros se hicieron posibles, conquistando otros pueblos y fusionándose con ellos. Los grandes imperios de la antigüedad, como el chino, romano y asirio fueron centros multiétnicos, caldos de cultivo para la cultura, la innovación y el comercio (Deeg, 1999; Temin, 2001; Parpola, 2004). Las relaciones comerciales resultaron particularmente importantes alentando las migraciones —y con ellas la mezcla cultural y genética— así como el intercambio de bienes que permitieron el disfrute de nuevos productos. Una de las rutas más largas y conocidas era la llamada "Ruta de la Seda" que unió Asia y parte de África con los pueblos del Mediterráneo y el resto del mundo europeo desde el siglo 3 antes de Cristo (Comas y col., 1998; Liu, 2001). Sin embargo, en el mundo antiguo se formaron muchas rutas comerciales uniendo reinos, imperios y las ciudades de aquella época (De Navarro, 1925; Lathrap, 1973; Hirth, 1978).

El enriquecimiento de las poblaciones con la fusión de dos o más culturas, o simplemente con la migración, originó muchos de los consiguientes avances culturales y tecnológicos. La fusión genética y cultural no ha detenido su curso en nuestros días, incluso intensificándose a lo largo del siglo pasado con el mejoramiento de las vías de transporte y la comunicación entre pueblos y ciudades, así como con el incremento de la demanda de mano de obra en las urbes. Como ejemplo, hemos encontrado una clara relación entre el incremento en la magnitud de las ondas migratorias en las comunidades garífunas de Honduras, y el desarrollo de los centros urbanos de producción y las vías de comunicación (Herrera-Paz y col., 2010). Se sabe que una buena parte de la Europa de hoy está compuesta por inmigrantes africanos, y el país más poderoso del mundo, Estados Unidos de América, es una composición de inmigrantes de todo el mundo (Schiller y col., 1992; Foner, 2000; Kohnert, 2007).

Tal vez el ejemplo más notorio de los efectos de la separación, la diferenciación, y el reencuentro se puede ver en las nuevas tecnologías. Dos investigadores, o bien dos equipos de técnicos o científicos, tal vez distantes separados por el tiempo, la distancia física, sus culturas, sus respectivas especialidades, o incluso por el estado del arte de la ciencia en ese momento, inventan o construyen algo. Entonces, inesperadamente y por algún motivo ambas tecnologías se encuentra y fusionan para formar una nueva.

A mediados del siglo 19 un matemático británico llamado George Boole inventaba un tipo de álgebra basada en la lógica (Boole, 1847). En aquel entonces nadie tenía la menor idea de las posibles aplicaciones prácticas de aquella álgebra de Boole. Casi al mismo tiempo un miembro de la prestigiosa *Royal Society* de Londres, llamado Charles Babbage, inventó la primera máquina de calcular (Swade y Babbage, 2001). Aunque Boole y Babbage fueron contemporáneos y ambos miembros de la *Royal Society* sus ideas se mantuvieron separadas hasta mediados del siglo 20, cuando se fusionaron trayendo a la luz los primeros equipos que utilizaron la lógica binaria para procesar la información que más tarde evolucionarían hasta convertirse en las modernas computadoras, elementos esenciales de la sociedad moderna. De hecho, un equipo moderno de computación es el producto de la integración de cientos o quizás miles de pequeñas ideas aisladas. La fusión sinérgica de las computadoras con otros descubrimientos e inventos impulsó el avance científico y tecnológico de finales del siglo 20. El matrimonio de la computadora con las telecomunicaciones originó la red mundial (Internet), y su relación con los descubrimientos en los campos de la genética y la biología molecular dio lugar a la secuenciación del primer genoma humano (Collins y col., 2004), que a su vez fue el primer paso hacia el control futuro de nuestra propia evolución biológica. Ejemplos de fenómenos tecnológicos emergentes posibilitados por el encuentro de dos tecnologías diferentes son la norma en nuestra sociedad moderna y cada vez se hacen más frecuentes, creciendo a un ritmo exponencial.

Crecimiento Exponencial

En 1965 Gordon E. Moore (1998) publicaba la que presume de ser una de las afirmaciones más populares en la moderna sociedad *geek*. La ley de Moore predice que el número de componentes dentro de los circuitos integrados de las computadoras debe duplicarse cada 18 meses. Es decir, cada 18 meses el espacio de almacenamiento de memoria y la velocidad de procesamiento se doblan, y por lo tanto, el costo de producción y el precio se reducen considerablemente. La duplicación de la potencia de cómputo se produce de acuerdo con la miniaturización de los componentes. ¡Y la ley de Moore resultó ser en extremo exacta! Por otra parte los 18 meses previstos por Moore se han reducido a 13 meses en los últimos años (Kurzweil, 2003). Si la aviación comercial hubiese experimentado una caída de precios similar, se podría viajar a cualquier parte del mundo por una fracción de un dólar. La pequeña unidad portátil que utiliza mi hija para escuchar música, que se puede encontrar prácticamente en cualquier tienda de electrónicos del mundo, tiene la capacidad de almacenamiento de la computadora más potente de hace diez años. Todavía recuerdo el equipo en el que aprendí los lenguajes de programación BASIC y Pascal a principios de los años noventa. Tenía una capacidad de disco duro de dos megabytes (Mb), (expandible a cuatro, me dijo el vendedor con orgullo). Hoy en día, algunos de los archivos que contienen gráficos de alta resolución almacenados en mi portátil pesan más que esos dos Mb. ¡Y tengo miles de ellos!

Decimos que la tecnología de los circuitos digitales ha crecido de manera exponencial refiriéndonos con eso a que ha experimentado un crecimiento acelerado que sigue una función exponencial. Parece que cada nuevo desarrollo facilita en gran medida el siguiente. Pero la miniaturización de los componentes tiene un límite, una restricción. En algún momento en los próximos años los componentes serán tan pequeños que comenzarán a regirse por las reglas impuestas por la mecánica cuántica, que son evidentes en el pequeño mundo de las partículas atómicas y subatómicas. Cuando la miniaturización se encuentre cerca del límite funcional los dígitos binarios no estarán en un estado particular de cero o uno, sino que comenzarán a fluctuar, situándose en una nebulosa entre ambos valores según las reglas de la superposición cuántica. Otra preocupación a esas escalas de tamaño es el llamado efecto túnel cuántico, con electrones saltando de un circuito a otro. ¡El mundo cuántico es en verdad extraño! Cada partícula puede estar en muchos lugares al mismo tiempo y una computadora convencional que trabaje con circuitos que funcionen de acuerdo a las reglas cuánticas se volvería inestable.

Por lo tanto, en teoría, la ley de Moore debería fallar después de un valor crítico en la miniaturización de los componentes. Cuando esto suceda, los componentes no se podrán reducir en tamaño y el avance de la tecnología informática se verá estancado. Es por eso que hoy en día muchas empresas de hardware en sociedad con los ingenieros y los físicos teóricos trabajan en el desarrollo de la computadora cuántica (Ladd y col., 2010). El matrimonio de la informática con la mecánica cuántica podría producir la computación cuántica con lo que la tecnología convencional de circuitos integrados se volverá obsoleta. La potencia de cómputo se verá mejorada, ya no siguiendo la ley de Moore, sino aumentando disruptivamente quizás millones de veces en un corto tiempo. El almacenamiento y el procesamiento de la información habrán dado un gran salto, pero a partir de este punto, lo más probable es que la ley de Moore tome el control de nuevo hasta que el siguiente avance tecnológico disruptivo aparezca.

El crecimiento exponencial de los avances de la tecnología no se limita a las computadoras. Un largo camino se ha recorrido en la última década en el estudio del ADN. La secuenciación del primer genoma humano y su publicación en 2003 abrió las puertas a la nueva era de la genómica. El desarrollo del proyecto necesitó de largas horas de trabajo y la colaboración de un gran número de laboratorios en todo el mundo, a un costo total estimado en más de dos mil millones de dólares. Una vez completado, el principal objetivo fue dilucidar cuáles son las variantes de las secuencias (varioma humano) causantes de enfermedades genéticas, las responsables de aumentar la susceptibilidad a enfermedades complejas, o simplemente de determinar variaciones fenotípicas normales en los seres humanos (Kohonen-Corish y col., 2010; Lander, 2011). Los descubrimientos en ese sentido están contribuyendo al desarrollo de nuevos métodos de diagnóstico y a la determinación de blancos farmacológicos para nuevos tratamientos. Los biólogos y microbiólogos, por su parte, comenzaron a secuenciar el ADN de muchas otras especies. Todo esto se tradujo en un desarrollo rápido de la tecnología y una brusca disminución de los costos de secuenciación de un genoma humano completo (Figura 17).

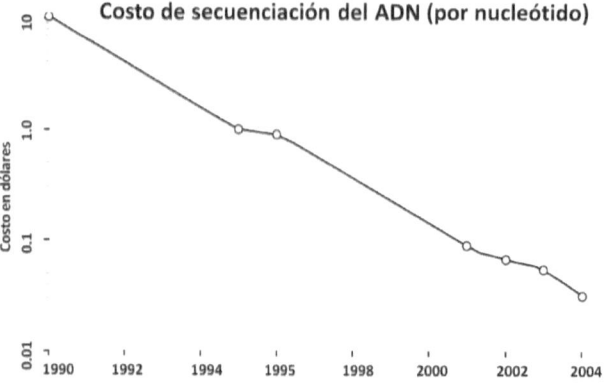

Figura 17. Caída del costo de secuenciación de un nucleótido durante el tiempo aproximado en el que se desarrolló el proyecto Genoma Humano, de 1990 a 2004. La escala es logarítmica.

En 2007 el Dr. Greig Venter —gran contribuyente a la secuenciación del primer genoma humano y pionero de la biología sintética— anunció la secuenciación completa de su genoma personal a un precio de US$ 70 millones, una reducción en precio de más de 28 veces en comparación con la primera secuencia (Levy y col., 2007). Más tarde, el genoma de James Watson — codescubridor junto con Francis Crick de la estructura de doble hélice del ADN — fue secuenciado utilizando tecnología de segunda generación a un costo de menos de US$ 2 millones, una reducción de precio de más de mil veces (Wheeler y col., 2008). En el momento de escribir este libro (mediados de 2013) se ha completado la secuenciación de los genomas de más de 1,005 personas afrodescendientes por medio de tecnología de secuenciación de siguiente generación, incluyendo 50 garífunas de la costa caribeña de Honduras, a un costo de alrededor de US$1,000 cada uno (en el marco del Consorcio de asma en poblaciones afro-ascendientes da las Américas, CAAPA). La reducción de precio en relación con el primer genoma ha sido nada menos que de más de dos millones de veces en tan sólo una década. Sin embargo, para el momento en que usted lea esto tal vez el precio se habrá reducido a cien dólares por genoma, o incluso menos, y la secuenciación de un genoma personal podría realizarse en cualquier laboratorio de cualquier país del mundo.

El crecimiento exponencial de la tecnología de secuenciación junto con la tecnología de células madre promete resolver muchos de los problemas de salud que aquejan a la humanidad hoy día. Dentro de poco tiempo, posiblemente en unas cuantas décadas (pero igual podría ocurrir mucho antes), la esperanza de vida humana aumentará de alrededor de 80 años hasta quizás 120, o incluso indefinidamente. La inmortalidad física teórica — teórica ya que todavía será posible morir violentamente — por extraño y romántico que pueda parecernos el concepto es la dirección hacia la que apunta la ciencia moderna. El proverbial elixir de la vida, fuente de la juventud, ha sido buscado por diferentes culturas a lo largo de la historia. Fue uno de los objetivos de los antiguos alquimistas y en su búsqueda el conquistador español Juan Ponce de León descubrió el actual estado de la Florida, en los Estados Unidos. Ni que decir, lo único que se inmortalizó del conquistador fue su nombre. La genética, la computación y las células madre nos están acercando cada día más al encuentro ese tesoro invaluable (dos ejemplos de descubrimientos recientes en los campos de la medicina regenerativa y la genética del envejecimiento se pueden encontrar en Guimaraes-Souza y col., 2012; y Beekman y col., 2013).

Hemos visto que la evolución hacia la complejidad avanza lentamente durante algún tiempo, pero sólo hasta cierto punto antes de que el siguiente descubrimiento o invención provoque una disrupción, un gran salto hacia mayores niveles de complejidad. La membrana celular permitió el inicio de la vida celular, los eventos endosimbioticos en bacterias originaron la célula eucariota, la mejora en la comunicación química intercelular influyó en el surgimiento de los organismos multicelulares, la conducción eléctrica determinó el surgimiento de cerebros, y con ellos, de la inteligencia, etc. Bien, resulta que el tiempo entre dos de estos grandes saltos evolutivos se reduce gradualmente, por lo que podemos hacer una generalización gruesa de la ley de Moore: la evolución hacia la complejidad avanza a un ritmo exponencial.

Restricciones de escala

De mi tierna infancia, mantengo un claro recuerdo de una serie de televisión llamada "Tierra de gigantes". La persecución de los gigantes contra los diminutos protagonistas de la serie era despiadada y sin cuartel. La vida de las personitas consistía en una perenne huida. Yo, ¡me mantenía pegado a la Televisión!!! Ello se debe a que las historias de gigantes son siempre fascinantes, y tal vez es por eso que se incluyen en muchas de las mitologías antiguas. El libro del Génesis menciona a los *Nefilim*, nacidos de los amoríos de las mujeres humanas con los "hijos de Dios". Al parecer, cuando los hijos de Dios atisbaban las exquisitas figuras de las féminas se enamoraban de ellas, engendrando a estos individuos que según la Biblia eran verdaderos gigantes. La Biblia termina el pasaje afirmando que "los mismos eran los valientes que desde la antigüedad fueron varones de renombre". Otros gigantes mitológicos incluyen a los Titanes, Titánides y los Cíclopes de la teogonía de Hesiodo, (Grecia Antigua), y los gigantes de hielo de la literatura nórdica antigua (Jakobsson, 2008; Clarke y Bolton, 2010).

¿Cuánto habría medido un *Nefilim* o un gigante nórdico de haber existido? ¿Es posible su existencia física? Muchos creen que los hijos de Dios pertenecieron a razas pseudo-humanas procedentes de otros sistemas planetarios, tal vez ubicados en el Cinturón de Orión; viajeros espaciales a los que les apetecía la conquista de nuevos mundos. No sé si las antiguas historias de gigantes tienen algún grado de veracidad, pero lo que sí puedo afirmar sin duda alguna es que un ser de más de tres metros de alto debió haber tenido una morfología muy diferente a la de los humanos debido a las "restricciones de escala". Las restricciones a la evolución son de naturaleza muy variada y se ven en todos los niveles de complejidad. Las de escala son aquellas impuestas por el tamaño, por lo que alcanzado cierto límite el organismo ya no puede continuar creciendo. Debido a estas limitantes no es posible un aumento ulterior en tamaño, entonces, si el medioambiente lo favorece, la complejidad comenzará a acumularse en el siguiente nivel, aumentando el número de relaciones entre los individuos y por lo tanto el tamaño y la complejidad de la comunidad.

Comencemos con el caso de una célula. Imaginémonos un organismo unicelular en evolución en un entorno beneficioso con abundantes nutrientes. El número de organismos que nacen en una generación también es abundante, por lo que hay una fuerte competencia dentro del grupo. Supongamos además que las células más grandes tendrán alguna ventaja evolutiva sobre las más pequeñas, tal vez debido a una mayor movilidad o a alguna otra característica positiva relacionada con el tamaño. Bajo estas condiciones de presión evolutiva las variantes genéticas que determinan un tamaño grande serán seleccionadas a favor, y cada nueva generación de células será más grande que la anterior. ¿Pero hasta cuándo continuarán creciendo? ¿Existe un límite?

La mayoría de las células, incluyendo a los organismos unicelulares, son criaturas minúsculas, microscópicas, no visibles a simple vista. ¿Por qué no puede una célula cualquiera evolucionar indefinidamente en tamaño hasta llegar a ser tan grande como un ser humano, un dinosaurio o una ballena? Si usted pensó que la culpa la tiene las restricciones de escala, tiene toda la razón. En una célula los principales mecanismos restrictivos al crecimiento están dados por la necesidad de alimentarse de los nutrientes presentes en el entorno, y por la necesidad de deshacerse de las sustancias tóxicas producidas por su metabolismo (Interesantes revisiones sobre otras restricciones fenotípicas, incluyendo algunas que impulsan la cooperación y por ende la complejidad, se pueden encontrar en Foster y col., 2004; Wagner, 2011; Berkhout y col., 2013).

Ahora, imaginemos que tenemos un organismo unicelular evolucionando en tamaño. Para empezar, el volumen de la célula aumenta en una relación cúbica con el incremento del diámetro. Los parámetros metabólicos de la célula dependen de su volumen por lo que sus requerimientos alimenticios aumentarán también en una relación cúbica, y lo mismo sucede con la producción de substancias tóxicas de desecho, la basura producida por la célula en su diario vivir. Por otro lado, la célula se alimenta y expulsa los desechos a través de la membrana. Tanto la velocidad de absorción de nutrientes como la de eliminación de substancias tóxicas dependen del área de la membrana. Pero el área de la membrana crecerá únicamente en una relación cuadrada con el aumento del diámetro. Entonces, a medida que la célula crece y los requerimientos alimenticios y la producción de desechos crecen, el área de la membrana se volverá paulatinamente insuficiente para suplir las necesidades.

Si la célula continuara creciendo después de cierto límite sucederían dos cosas: 1) la velocidad de absorción de nutrientes a partir del medio comenzará tornarse insuficiente para la demanda. 2) La velocidad de eliminación de sustancias tóxicas no será suficiente para deshacerse de la cantidad producida. Como resultado la célula que traspase ese límite óptimo comenzará a aumentar su probabilidad de morir de inanición y de intoxicación a medida que crezca. Alcanzado cierto valor de tamaño las ventajas de ser grande comenzarán a verse opacadas por las dificultades metabólicas mencionadas, por lo que las variantes genéticas que aumentan el tamaño comenzarán a ser seleccionadas en contra. El tamaño de las células de la población fluctuará alrededor de un valor óptimo que maximice la supervivencia (*fitness*), y será producto del balance entre las ventajas y las desventajas de ser grande.

Entonces, las células de la población no pueden continuar

creciendo indefinidamente. Una vez cerca del valor límite nada más conveniente para una célula —considerada como entidad evolutiva —que tomar ventaja de los recursos energéticos y los mecanismos evolutivos, no para seguir creciendo en tamaño, sino para aprender a relacionarse mejor con sus vecinas, especializándose en la producción de algún producto mientras se beneficia de los productos elaborados por sus compañeras, contribuyendo al crecimiento en tamaño de la población, lo que aumentará la complejidad del siguiente nivel. ¡Y es por eso que usted no tiene una célula de mascota! Más bien es probable que su mascota sea una cosa peluda hecha de muchísimas células.

En los metazoos la alimentación y la eliminación de desechos también representan problemas, pero los multicelulares han adoptado diseños muy funcionales para interiorizar los alimentos y transportarlos hasta cada una de las células, además de ingeniosos sistemas de desecho. En los seres humanos esas funciones son realizadas por los sistemas digestivos, cardiovasculares y urinarios. La complejidad potencial que puede acumular el animal multicelular es enorme, y la absorción de alimentos y eliminación de desechos dejan de ser elementos restrictivos importantes para el aumento de tamaño. En cambio, otros elementos llegan a ocupar su lugar. Por ejemplo, en los animales grandes, especialmente los terrestres, los efectos de la gravedad comienzan a ser evidentes.

¿Qué pasa entonces con un gigante humano? ¿Qué pasaría con una persona si, por ejemplo, llegara a crecer más de tres metros? El peso de un ser humano se da en proporción al volumen, pero el volumen crece en una relación aproximadamente cúbica con el aumento de estatura. Por otro lado la fuerza muscular de una extremidad (una pierna por ejemplo) depende del área de la sección transversal del músculo y esta crecerá únicamente en una relación cuadrada. Un individuo de más de 3 metros de altura sería excesivamente pesado para sostenerse con un par de piernas de proporciones normales. Entonces, el grosor de los miembros inferiores deberá aumentar desproporcionadamente en relación con el del tronco. Además, se ha observado entre los mamíferos que mientras más grande es el cuerpo, más grande debe ser el cerebro, pero este último junto con la cabeza que lo contiene solo aumenta en una relación alométrica negativa con el crecimiento del animal, siguiendo una función de potencias con un exponente de 0.6-0.8 (Roth y Dicke, 2005). Si comparamos un ratón con un elefante nos daremos cuenta que en el primero el tamaño de la cabeza es proporcionalmente más grande con respecto al cuerpo que en el segundo. Pero recordemos que el peso aumenta en una relación cúbica, y la fuerza de los músculos del cuello en una proporción cuadrada. El cuello entonces debe evolucionar para ser muy ancho y así poder sostener y mover una cabeza más pesada. Por esa razón los mosquitos pueden tener patas muy delgadas en relación con el resto de sus cuerpos, mientras que en los elefantes estas estructuras son muy gruesas. Y cuanto más grande sea el animal más sensible será a los efectos gravitacionales, por lo que la forma de su cuerpo deberá redistribuirse a medida que crece. Un mosquito del tamaño de un elefante moriría aplastado por su propio peso justo antes de que su cabeza se desprendiera.

Otra restricción al tamaño, al menos entre los animales endotérmicos (de sangre caliente), está dada por el problema de la disipación del calor producido por el metabolismo. La producción de calor aumenta en proporción al volumen, de nuevo en una relación cúbica con el aumento de tamaño. Mientas tanto, la capacidad de disipación de calor aumenta en proporción al área de piel (Phillips y Heath, 1995). A medida que aumenta el tamaño del animal la disipación del calor producido se hace más difícil. Entonces, una estrategia evolutiva para aumentar el área es creando piel adicional. ¡Y es por eso que los elefantes tienen las orejas tan grandes! Para aumentar el área de enfriamiento. Cuando yo era pequeño pensaba, erróneamente, que el único propósito de las grandes orejas de los paquidermos era espantar las moscas.

He mencionado un par de elementos que restringen el crecimiento, pero hay muchísimos. El punto importante aquí es que existe un límite o restricción sobre el tamaño potencial que pueden alcanzar los organismos de una especie, y así las cosas, no puedo imaginar cómo un visitante alienígena conquistador de múltiples mundos pudiera seducir a una humana. Me es difícil creer que un gigante de más de tres metros de altura, con piernas y cuello desproporcionadamente anchos, caminando lentamente y haciendo vibrar el suelo con cada paso, hubiese resultado atractivo para las exigentes mujeres terrícolas. Por lo tanto la existencia de un grupo de gigantes celestes que viajen de galaxia en galaxia conquistando las féminas de todos los planetas habitables y apareándose con ellas, es poco probable (más no imposible). Del mismo modo, es poco probable que una supercomputadora gigante controle el flujo de información y energía de un planeta o una galaxia completa.

Y ese es precisamente el tema del brillante ensayo de Isaac Asimov denominado "La Última Pregunta" (*The Last Question*: Asimov, 1956). El personaje principal es una gigantesca supercomputadora que maneja el universo. En 2061 Multivac (así es como Asimov nombra a la computadora) gestionaba todos los recursos globales. Con el paso de los miles, millones, y finalmente miles de millones de años, la computadora (entonces llamada AC) fue creciendo en tamaño. Progresivamente fue manejando los recursos del sistema solar, luego de la galaxia y finalmente del cosmos. Al final de los tiempos la fusión de la mente humana universal y la supercomputadora cósmica regenera el universo después de la muerte térmica causada por la entropía.

El ensayo del célebre escritor de ciencia ficción es nada menos que genial y de una visión increíble, pero para 1956 (fecha en la que fue escrito) las computadoras gigantes llamadas *mainframes* prometían continuar creciendo en tamaño para controlar procesos cada vez más complejos, por lo que no es de extrañar que Asimov adoptara esta configuración para sus ensayos de ciencia ficción.

Una compañía apostó por el monopolio de las *mainframes* convirtiéndose en uno de los más poderosos emporios financieros de su tiempo (durante los 50s las IBM 700/7000 series dominaron el mercado). Para la década de los setentas, la compañía *International Business Machines* (IBM) había crecido al mismo ritmo que sus *mainframes* convirtiéndose en el gigante absoluto de la computación (Bashe y col., 1986; Campbell-Kelly y col., 2004). Sin embargo hacia los ochentas dos jóvenes construían en un garaje lo que sería el futuro de la computación: la computadora personal. Steve Jobs y Steve Wozniak vendían aparatos de computación primitivos pero pequeños – que ensamblaban en un garaje – a sus vecinos y luego, bueno, de ello surgió uno de los pilares de la transición de la era industrial a la era de la información, y una de las empresas tecnológicas más rentables de la historia (Imbimbo, 2009). Pronto, la mayoría de las personas del orbe tendrá una computadora conectada a la red global. El gigantesco dinosaurio de Asimov fue substituido por una red de hormiguitas bien comunicadas que algún día administrará por completo los recursos del planeta. Hoy en día, tanto en los seres humanos como en las computadoras, la complejidad se está acumulando en el siguiente nivel.

Entropía

Poco después del comienzo de este libro explicaba que existen dos tendencias opuestas en el universo, y regreso a este tema debido a su importancia en la comprensión de la evolución hacia la complejidad. La primera es la tendencia determinada por las tres fuerzas de la naturaleza organizando la materia en niveles de creciente complejidad. La otra, es destructiva y se denomina entropía. La entropía lleva al universo al equilibrio térmico, alterando la materia organizada de tal manera que hace que todo se distribuya de manera uniforme en el espacio. La entropía guía al universo físico a un estado de máxima aleatoriedad, lo que disminuye la cantidad de energía utilizable. Por eso es destructiva. Y además, puede actuar muy rápido. La entropía puede destruir en pocos segundos lo que fue construido por las tres fuerzas durante millones de años.

Entonces, ¿cómo es que la vida se desarrolla en niveles cada vez más complejos a pesar de la entropía? Se han propuesto diversos argumentos para explicar este dilema. Los biólogos y los físicos explican que en un sistema abierto, no adiabático (en el que no entra ni sale energía), es posible incrementar el orden local (la vida en la Tierra) a condición de un aumento en el desorden general (en el universo). Es decir, la vida en la Tierra es posible debido a la gran cantidad de energía suministrada por el sol, pero sólo una pequeña parte de ella se utiliza para generar orden y complejidad. El resto se disipa en forma de calor (desorden), de modo que la cantidad de desorden total siempre aumenta (Schneider y Kay, 1995).

Lo anterior es una verdad a medias. Mientras que esta explicación satisface la segunda ley de la termodinámica (Schneider y Kay, 1994) también es cierto que no nos dice nada sobre el papel de la entropía en la evolución hacia la complejidad. Los físicos que han desarrollado la teoría de los sistemas complejos argumentan que en un sistema abierto en desequilibrio, con una entrada alta energía, los componentes muestran un fenómeno llamado auto-organización del que surgen comportamientos coordinados y propiedades emergentes, pero el papel de la entropía en la ocurrencia de este fenómeno no es del todo claro (Nicolis y Prigogine, 1971; Ge y Qian, 2011). En las siguientes líneas voy a explicar por qué la entropía es tan importante − con el fin de producir complejidad − como las tres fuerzas de la naturaleza, por lo menos en los sistemas vivos y sus derivados.

En 1859 el naturalista británico Charles Darwin publicó su seminal y revolucionario "El Origen de las Especies por medio de la

Selección Natural", en el cual explica que en una población donde existe variabilidad, los individuos con características favorables tienen más probabilidades de sobrevivir, por tanto, heredándolas a la descendencia (Darwin, 1959). A pesar de ser contemporáneo de un hombre considerado como el padre de la genética, Darwin nunca conoció a un monje checo llamado Gregor Mendel ni sus leyes de la herencia. Darwin nunca supo y ni siquiera sospechaba cual era el origen de la variación de los caracteres, y hubo que esperar varias décadas para que su teoría se complementara con el conocimiento de la variabilidad genética, de cuya fusión surgió la moderna síntesis (Kutschera y Niklas, 2004).

Imaginemos una población de una determinada especie. Si todos los individuos fueran idénticos la población no evolucionaría, por lo que la introducción de una cierta cantidad de variación se convierte en indispensable. En la actualidad se sigue considerando que las mutaciones son la principal fuente de variabilidad en el nivel genético (Gommans y col., 2009). Una mutación es un evento disruptivo y destructivo, producto de la entropía. Puede ocurrir en cualquier sitio del genoma y su efecto principal es la destrucción de la información genética que necesitó millones de años para acumularse. Sin embargo, las mutaciones son necesarias para originar variabilidad ya que muy de vez en cuando ocurre que una mutación puede aumentar el contenido de información de un gen, mejorando una característica del individuo portador, haciéndolo más adaptado a su medio ambiente. La frecuencia con la que estas mutaciones beneficiosas se producen es baja, pero al parecer suficiente para que el mecanismo de la selección natural conduzca a la población hacia la adaptación (Peck, 1994; Oor, 2010).

Las células cuentan con potentes mecanismos de reparación para garantizar la fidelidad de la copia del ADN durante las divisiones celulares que dan origen al óvulo y a los espermatozoides (gametogénesis). Sin embargo, parece que la evolución ha permitido cierto grado de imperfección de estos mecanismos para que pueda tener lugar la variabilidad. Para mí este es un ejemplo estupendo de selección de grupo ya que las mutaciones deletéreas (dañinas) superan en número a las beneficiosas, lo que en promedio es perjudicial a nivel individual, pero la variabilidad es favorable para el grupo con el fin de adaptarse a los entornos siempre cambiantes. Los mecanismos de reparación están ajustados para permitir un cierto porcentaje de mutaciones.

Aunque la selección natural se encuentra clara y elegantemente explicada en la obra de Darwin, no es el único mecanismo que dirige la evolución hacia una mayor complejidad. De hecho, la teoría de la evolución de Darwin y Wallace como la conocemos ofrece pocas pistas acerca de por qué la vida en general progresa hacia formas de creciente complejidad, pero no al revés. Mientras que —como se ha mencionado anteriormente— la vida en comunidad puede ofrecer ventajas selectivas a los individuos gregarios en relación a los solitarios, yo sostengo que estos beneficios no son suficientes para explicar la aparente irreversibilidad de la evolución hacia la complejidad. Si las ventajas genéticas de los individuos gregarios sobre los solitarios fueran lo suficientemente fuertes como para conducir, *per se*, la evolución hacia la complejidad, a estas alturas de la vida en la tierra todos los niveles inferiores habrían sido absorbidos por los más altos, y este no es el caso. Por ejemplo, una especie de ameba puede encontrarse tan adaptada a su entorno como la más compleja de las sociedades humanas. Todos los niveles de complejidad, desde los virus a las comunidades complejas, coexisten en el planeta Tierra. Por lo tanto si existe una ventaja evolutiva de las formas más complejas sobre las más simples, debe ser muy pequeña para explicar el grado de complejidad que observamos en los insectos sociales, las poblaciones humanas y los ecosistemas, por mencionar algunos ejemplos. Entonces, tenemos que cavar más profundo.

La respuesta al dilema anterior es simple. De hecho, las mutaciones que no son beneficiosas, aquellas que son mayoría y que descomponen o disminuyen parte o la totalidad de la función de los genes —para el propósito de esta discusión, el silenciamiento de genes en el caso de las células o cualquier otro tipo de pérdida o silenciamiento de la información en cualquier nivel de complejidad son equivalentes—, en gran medida favorecen el crecimiento en complejidad, al menos bajo determinadas condiciones. En otras palabras, el aumento de entropía en un nivel favorece un incremento en la complejidad en el nivel inmediatamente superior. A este tipo de entropía la llamaré "entropía simplificadora", y a la pérdida de información debido a esta, simple y llanamente "simplificación" (Figura 18).

Figura 18. Papel de la entropía en la evolución a la complejidad. Inicialmente tenemos dos elementos, A y B, con dos cualidades, 1 y 2. A sufre una mutación disruptiva y pierde la cualidad 1, mientras B pierde la cualidad 2. Los elementos no mueren porque cada uno puede suplir las cualidades que al otro le falta. Como la entropía destruye información en un tiempo mucho más breve que el que necesita el mecanismo evolutivo para crearla, este proceso es en gran medida irreversible.

Aunque las mutaciones deletéreas con la subsiguiente pérdida de la función han sido ampliamente estudiadas en el contexto de las enfermedades genéticas en seres humanos (Li y col., 2010;

MacArthur y col., 20112; Marian, 2013), la acumulación de mutaciones y otros eventos de silenciamiento que actúan como procesos simplificadores podrían tener una influencia mayor en el aumento de la complejidad, pero su importancia no se ha apreciado plenamente. En cambio, de acuerdo con la teoría aquí expuesta el papel de la entropía se vuelve central en el tema de la evolución en complejidad de los seres vivos y sus derivados, y su introducción hace que la irreversibilidad se vuelva evidente. Voy a tomarme un poco de tiempo para explicar esto, y lo haré con ejemplos. En estos, introduciré elementos que me parecen fundamentales para la coherencia de la teoría.

Caites International. La forma en la que una pequeña empresa artesanal se convierte en una gran empresa de producción en masa es un magnífico ejemplo de la dirección de lo simple a lo complejo. En el momento de su fundación "Caites Herrera" era una pequeña empresa de fabricación de calzado que contrató a cinco zapateros artesanos que fabricaban, cada uno cuidadosamente, cinco pares de zapatos al día que luego se vendían a un precio relativamente caro sólo a los más ricos del pueblo.

El propietario de la empresa decidió hacer una pequeña inversión en sus empleados y envió uno por uno a especializarse en una tarea en particular del proceso de fabricación. Una vez que los empleados se especializaron, el propietario descubrió que podía manufacturar muchos más zapatos en un día debido a que cada uno se podía concentrar en una sola tarea, realizando su trabajo más de prisa. El costo de producción de un par de zapatos se redujo, lo que a su vez permitió reducir el precio de venta. Ahora, muchas más personas podían comprar zapatos en el pueblo. El aumento de las ventas permitió contratar a más empleados especializados, produciéndose entonces un superávit de zapatos manufacturados que luego se exportaban, por lo que "Caites Herrera" se convirtió en "*Herrera Shoes International Inc*".

El primer elemento de este análisis es la capital. El capital en la sociedad humana es el equivalente a la energía en los organismos biológicos. Si trazáramos la línea desde el capital representado en cualquier forma hasta su fuente, veríamos que inevitablemente llegamos a la energía radiante del sol. Manteniendo todos los demás factores iguales, el precio de un producto o servicio será más o menos proporcional a la energía que se ha invertido, actual e históricamente, en su producción. A medida que la cantidad de energía necesaria para la fabricación de un par de zapatos disminuye, el precio será más bajo y más gente podrá calzar zapatos (economía de escalas).

El segundo elemento es la especialización de los empleados. A medida que el empleado gana experiencia en un área específica de la producción, en realidad se simplifica ya que ahora sólo necesita el conocimiento de esa pequeña parte del proceso, y no de las cinco etapas. Nunca más un empleado de *Herrera International* malgastará su valioso tiempo aprendiendo las habilidades necesarias para todas las etapas de la producción, por lo que llegamos al tercer elemento: la simplificación.

El cuarto elemento es el aumento de la interdependencia. Un empleado en particular no puede manufacturar ni siquiera un par de zapatos, por lo que todos ellos dependen de los demás para que el proceso de fabricación se lleve a buen término (y así mantener sus empleos).

Si juntamos todos estos elementos la irreversibilidad se hace evidente, y esto es común en todos los niveles evolutivos. Voy a ilustrar este hecho con solo dos elementos: El capital y la simplificación. En primer lugar, el gasto energético (capital) que sería necesario para capacitar de nuevo a todos los trabajadores especializados en todas las etapas del proceso de fabricación, sería mucho mayor que el requerido en especializarse en una sola tarea, por lo que este tipo de entrenamiento no sólo es innecesario sino oneroso e inalcanzable. En segundo lugar, al concentrarse en una sola labor cada uno de los expertos es mucho más eficiente y rentable que el artesano que sabe hacer todo. Pero en realidad, es mucho más sencillo que el artesano puesto que de las cinco etapas de producción solo conoce una. Estos elementos hacen que la empresa de producción en masa se conduzca irremediablemente hacia una mayor complejidad, sin alternativa —desde luego asumiendo que todos los recursos necesarios para el proceso de fabricación están presentes, junto con una alta demanda del producto. Vemos así que el nivel superior (la empresa) crece en complejidad a la vez que los elementos en el nivel inferior (empleados) se especializan, pero a la vez experimentan una gran simplificación.

Me doy cuenta de que probablemente mi afirmación de que la irreversibilidad de la evolución hacia la complejidad es (en una gran parte) impuesta por la entropía puede enfrentarse a cierto escepticismo, así que tengo algunos ejemplos más para mostrarle.

Cazadores miopes y bebés cabezones. Considere una célula de nuestro cuerpo, especializada en una tarea determinada. Debido a que para ejercer su función específica esta sólo necesita un puñado de genes, el resto del genoma es silenciado (Vaissière y col., 2008). Este proceso es en gran medida irreversible, aunque en la actualidad es posible invertirlo en el laboratorio (Park y col., 2007). La célula especializada es mucho más simple que un protista unicelular como, digamos, una levadura, que debe sintetizar ella misma todas las proteínas necesarias para sobrevivir (aunque su perfil de expresión genética cambia con cada etapa del ciclo de vida y los cambios ambientales; Chu y col., 1998). La célula especializada de nuestro cuerpo, sin embargo, depende de los suministros proporcionados por muchos otros tipos de células. El aumento en complejidad del organismo humano va acompañado de la simplificación de sus componentes celulares. El proceso es irreversible, ya que es mucho más fácil y barato silenciar genes que activarlos a todos. La célula no toleraría la demanda de energía necesaria para sintetizar cada proteína individual. Además, ¿para qué habría de hacer eso la célula? Todo lo que necesita más allá de su propia producción es suministrado por sus compañeras o por el organismo en general.

E aquí otro ejemplo. Yo, soy miope. Cuando entro cada mañana a mis clases de fisiología médica o genética me sorprende el hecho de que casi la mitad de mis alumnos usen lentes correctivos para la miopía. Entonces, mi mente se remonta a hace unos 20,000 años cuando hordas de humanos cazadores y recolectores recorrían los parajes europeos y asiáticos en busca de los mejores lugares para la caza del mamut (Germonpré y col., 2008). Ser miope en aquellos días era sin duda una gran desventaja. Es probable que con frecuencia los pobres miopes, al ser un poco torpes para la caza, la guerra, y la recolección, se vieran condenados al ostracismo y con ello, su capacidad de reproducción se reducía.

A pesar de que las variantes alélicas adversas que confieren alguna susceptibilidad a la miopía (Jacobi y Pusch, 2010) pudieron haber aparecido desde hace mucho tiempo, su incidencia en la población humana debió haberse mantenido baja gracias a este tipo de selección negativa. Con el advenimiento de la agricultura, el sedentarismo, la división del trabajo y la especialización, surgió una serie de ocupaciones que ya no necesitaron de una visión perfecta. Por otra parte, la reciente aparición en escena de determinados tipos de especialistas, como los optómetras y los oftalmólogos, permitió que las personas miopes adquirieran una visión normal, principalmente mediante el uso de lentes correctivos. La presión selectiva sobre los genes de susceptibilidad a la miopía se redujo, por lo que las variantes alélicas originadas por mutaciones perjudiciales podían sobrevivir y ser transmitidas a las siguientes generaciones, aumentando en algunos casos su frecuencia por deriva génica. El resultado es un alto porcentaje de personas miopes. La selección natural ya no actúa en contra de nosotros los miopes, ¡y el uso de gafas incluso nos da una apariencia intelectual!

Antes de hace unos 12,000 a 10,000 años las sociedades humanas no tenían especialistas (Massey, 2002). Las personas de esa época estaban obligadas a dominar una amplia gama de aptitudes para su supervivencia, incluyendo la construcción de sus propias casas, fabricar su propia ropa y armamento, y cooperar en las actividades bélicas y la cacería. La especialización ha dado lugar a una simplificación de las características humanas con respecto a nuestros antepasados que vivieron hace miles de años.

Tal vez la rama del saber que ha tenido mayor impacto en la simplificación del ser humano sea la médica. Es probable que en nuestros antepasados prehistóricos los sistemas inmunes hayan sido muy eficientes debido a la escasez de asistencia médica. La aparición de individuos especializados en la curación y la salud pública puede haber permitido que algunas variantes genéticas desfavorables, con el cuidado adecuado, sobrevivieran y se transmitieran a la descendencia, propagándose en la población. El uso de antibióticos, por ejemplo, podría dar lugar a que las mutaciones que disminuyen la eficiencia de los muchos genes que componen el sistema inmune pudieran sobrevivir, lo que determinaría, en unas generaciones, un aumento del porcentaje de sistemas inmunes relativamente débiles con poca capacidad para defendernos de las infecciones bacterianas. Pero, ¿quién necesitará de un sistema inmune superefectivísimo? De todos modos contaremos con sustancias bactericidas muy potentes.

Vemos cómo la simplificación (sistemas inmunológicos más débiles) va de la mano con la especialización (en este caso, la farmacología y la medicina), que a su vez nos hace cada vez más interdependientes pero contribuye a la creciente complejidad de las sociedades. Y lo mismo es cierto para el resto del enorme arsenal con el que la medicina moderna se ocupa de nosotros, desde las vacunas a los injertos, sólo para nombrar un área de conocimiento. Al mismo tiempo, el número de ocupaciones y nichos laborales aumenta gradualmente reduciendo la proporción de la contribución que realiza cada persona a su comunidad. De hecho, el trabajo que cada uno de nosotros realiza es minúsculo en comparación con el total de la actividad laboral de la sociedad. Esto inmediatamente nos sugiere una manera de medir el grado de complejidad en una sociedad o de cualquier otro nivel: Simplemente, la complejidad de un nivel dentro del sistema será, aproximadamente, inversamente proporcional a la media del porcentaje del trabajo realizado por un solo individuo o elemento, o de forma equivalente, directamente proporcional a la cantidad de nichos ocupacionales. Por ejemplo, el número de diferentes tipos de células de un organismo ya ha sido utilizado como una medida de la complejidad de los metazoos (Arendt, 2008).

El tercer ejemplo tiene que ver con un aspecto que nos diferencia de nuestros primos los simios y que ha condicionado en gran parte la evolución de la inteligencia en el ser humano. Las hembras de los grandes simios dan a luz con poco dolor, y el parto es relativamente sencillo y auto-asistido (aunque hay alguna evidencia reciente en contra; Hirata y col., 2011). Sin embargo, en los seres humanos el gran tamaño del cerebro del niño, y por lo tanto del diámetro de la cabeza, predispone al parto difícil que requiere de la ayuda de otras personas (Wittman y Wall, 2007). Paralelo al proceso de encefalización, en las sociedades proto-humanas hicieron su aparición individuos especializados en la atención del parto, tal vez familiares y otras mujeres de la comunidad en los tiempos antiguos, y las parteras y médicos más recientemente (Rosenberg y Trevathan, 2002). La aparición obligada de estos asistentes en el parto contribuyó a reducir la mortalidad de los niños con cabezas grandes, pero nos hizo más dependientes.

¿Se ha detenido el proceso de encefalización? ¿O será posible que las medidas de la cabeza humana promedio continúen creciendo en nuestros días? Y si esto es así, ¿bajo qué tipo de presión evolutiva están aun creciendo? Las comparaciones de las mediciones cefalométricas entre los cráneos de personas que vivieron en los siglos 14, 16 y 20 han mostrado un incremento significativo y progresivo en el tamaño de la frente (y probablemente del cerebro), junto con una simplificación significativa de los rasgos faciales (Rock y col., 2006). Las tasas de mortalidad infantil y materna eran muy altas durante el Medioevo, hasta el advenimiento de avances médicos como la anestesia, las transfusiones, la asepsia, la operación cesárea, y más recientemente, los antibióticos (Wells, 1975; Todman, 2007; Wells y col., 2012). En la actualidad, una de las causas principales de la operación cesárea en los hospitales de todo el mundo es una cabeza que no encaja en el canal de parto, condición denominada "desproporción céfalo-pélvica", lo que lleva a un trabajo de parto estacionario. (Gaym, 2002; Dafallah y col., 2003). Pero hoy en día el tamaño de la cabeza no es de gran preocupación para la supervivencia de la madre y el bebé. Las tasas de mortalidad por esta causa han disminuido sustancialmente, al menos en aquellos sitios que cuentan con una adecuada atención médica. Sin embargo, la muerte materno-fetal por desproporción céfalo-pélvica debió haber actuado como una importante restricción evolutiva durante la Edad Media y antes, sometiendo a una fuerte selección negativa a las variantes genéticas que contribuyen a aumentar el tamaño de la cabeza en los recién nacidos, y a las que contribuyen a una pelvis estrecha en las mujeres (Grabowski, 2013).

¿Será posible que la mejora en los procedimientos obstétricos y médicos y la operación cesárea hayan estado actuando como factores modificadores de esta característica (tamaño de la cabeza) en los últimos siglos? ¿Podrían haber contribuido al incremento del tamaño de la frente humana descrita en Rock y col., 2006? Esta restricción, es decir, la desproporción cefalo-pélvica como fuerza selectiva que evita el crecimiento ulterior de la cabeza, ha dejado de actuar en el mantenimiento del tamaño craneano por debajo de un cierto límite debido a la operación cesárea.

Adicionalmente, la operación cesárea permite que las mujeres con diámetros pélvicos estrechos sobrevivan al igual que sus hijos. Esto podría traer como consecuencia el aumento lento pero progresivo de la frecuencia de indicación de cesárea por desproporción cefalo-pélvica en el futuro, que a su vez permitiría la sobrevivencia de las variantes genéticas de cabezas más grandes y pelvis más pequeñas. Este círculo podría continuar —aunque sutil y casi imperceptible— de generación en generación hasta que aparecieran otras restricciones, como la pérdida del atractivo sexual de las pelvis muy estrechas o las cabezas muy grandes, un excesivo peso de la cabeza con efectos negativos sobre la columna cervical, o algún otro tipo de limitante biomecánica. Si bien puede ser cierto que cabezas más grandes eventualmente se asociarían con seres humanos más grandes y más complejos e inteligentes (lo que no se ha demostrado), desde el punto de vista de la reproducción esto nos hace más simples ya que nuestras mujeres son menos capaces de traer al mundo una nueva persona sin ayuda. La dependencia en la medicina moderna en el momento del parto ha aumentado —y quizá lo siga haciendo— en gran medida la interdependencia social que contribuye a la complejidad de las sociedades humanas. Entonces, es factible que tal vez, solo tal vez, el proceso de encefalización no se haya detenido aun.

El siguiente ejemplo tiene que ver con la educación, el núcleo de la civilización. En la antigüedad, antes de la invención de la imprenta, los libros existían en su mayoría solo como ejemplares únicos, y por ello muchos eran considerados de valor incalculable. Cuando un sabio o un erudito tenía acceso a un libro solía memorizar gran parte del contenido, y así, la transmisión de conocimientos dependía en gran medida aun de la memoria (McKitterick, 2000). Luego, con el advenimiento de la imprenta ya no fue necesario hacer eso, ya que si existen muchas copias de un texto es relativamente fácil volver a encontrar un libro si se necesita la información. Además, ¿por qué gastar tiempo valioso memorizando un solo libro cuando se imprimen muchos? Se hace preciso únicamente captar las ideas esenciales. Pero incluso esto se está volviendo obsoleto en nuestros tiempos de progreso rápido. Como ejemplo, hace unas décadas un estudiante de bioquímica debía memorizar una cuantas vías metabólicas, pero en la actualidad, esta disciplina ha experimentado un notable crecimiento y ya no es posible memorizar la información sobre las miles de vías metabólicas descritas, además de pequeñas moléculas, y las complejas interacciones moleculares descubiertas (Pearson, 2007; Vidal y col., 2011). Por otra parte, los dispositivos de almacenamiento de la información y los que mantienen a los humanos en línea permiten el acceso instantáneo a una cantidad masiva de datos, lo que hace que la información universal (entre la cual se encuentra la descripción de enzimas y vías bioquímicas) se encuentre disponible permanentemente.

¿Cuál es el punto en la memorización de gran parte de un libro de texto cuando la información se puede obtener casi al instante? Pero entonces, la especialización en sólo una pequeña fracción del conocimiento se hace necesaria, y es por eso que el trabajo productivo en la ciencia es, hoy por hoy, el resultado de complejas redes internacionales multidisciplinares (Wagner y Leydesdorff, 2005). El científico loco, el Llanero Solitario, el genio multifacético polímata tan popular en los albores de la ciencia pierde su sentido práctico en la sociedad compleja. Por otro lado, si no hay que memorizar mucho, entonces los genes que intervienen en la memoria, tal vez muy importantes para la supervivencia en los tiempos antiguos, pudieran relajarse un poco y permitir algunas mutaciones aleatorias que luego se acumularían y dispersarían con el paso de las generaciones. ¿Quién sabe? Podríamos estar volviéndonos más simples en ese sentido (memorización), y al mismo tiempo, nos haríamos progresivamente más dependientes de la omnipresente memoria universal que proporciona la red.

Cerebros a la carta. Nuestro último ejemplo también está relacionado con la evolución de los cerebros humanos. Hoy en día, la evolución genética se puede evaluar mediante la comparación de las diferencias en todo el genoma de dos especies relacionadas. La secuenciación de los genomas humano y del chimpancé hace unos años ha permitido su comparación. Se ha encontrado que ambos son extremadamente similares, sin evidencia de que la activación de nuevos genes haya sido un mecanismo importante en el desarrollo del cerebro humano (Hill y Walsh, 2005). Por otra parte, muchos de los genes que se encuentran en el chimpancé se han inactivado en los seres humanos (ahora son pseudogenes), especialmente los que corresponden a los receptores olfatorios (Gilad y col., 2005) lo que es evidencia de una cierta simplificación en los seres humanos con respecto a los chimpancés.

La evolución diferencial de un gen puede ser evaluada por medio de sustituciones de nucleótidos entre las dos especies. Si el número de diferencias sinónimas — es decir, las que no cambian el aminoácido en la proteína resultante — es mucho mayor que las no sinónimas, se dice que el gen está muy conservado y la mayoría de las mutaciones históricas han sido perjudiciales, no adaptativas, y por lo tanto han experimentado una selección negativa (aunque hay alguna evidencia que desafía esta afirmación; Chamary y col., 2006). En el otro extremo, si las mutaciones no sinónimas son predominantes, es muy probable que hayan experimentado una selección positiva. La evidencia es compatible con el hecho de que muchos genes implicados en las redes neuronales en los seres humanos están altamente conservados, a excepción de un puñado de ellos que ha sido objeto de una selección positiva muy fuerte — el FOXP2 antes mencionado en relación con el habla es uno de ellos. Para mí, resulta sorprendente el hecho que, de muchos, sólo un pequeño número de genes cerebrales se especializaran en el proceso de transformación de un cerebro de primate en uno humano.

Si el mecanismo de evolución hacia la complejidad que propongo aquí es cierto, es decir, la especialización en una o pocas tareas aunado a una vasta simplificación, en el seno de las sociedades humanas la interdependencia debe haber coevolucionado con algo o mucha simplificación de los cerebros. Una manera de demostrarlo sería estudiando los genes neuronales humanos con un alto número de mutaciones tanto sinónimas como no sinónimas, que por lo general se consideran como neutrales. Entonces, muchos de estos *loci* no serían neutrales en los chimpancés y podrían estar altamente conservados en esa especie, pero la relajación evolutiva debido a la satisfacción de las necesidad que la cultura y la vida en sociedad nos ha proporcionado los habrían aproximado a la neutralidad en nuestra propia especie, permitiendo la acumulación de un mayor número de mutaciones con el consiguiente aumento en el número de variantes alélicas. Si la teoría es correcta, el número de genes neurales conservados en los chimpancés que de alguna manera están relajados en humanos sería mayor que lo contrario, no por nuestra inteligencia, sino por nuestra creciente tendencia a la cohesión grupal e interdependencia. Lamentablemente, la simplificación como elemento para la complejidad no se ha abordado en la literatura con la importancia que se merece, y la comparación de la proporción de sitios del ADN neutros o cuasi neutros entre los humanos y los chimpancés tendrá que esperar hasta que se secuencien muchos genomas primates más. Poniéndolo en palabras más simples, la selección natural debe tener un impacto mucho más fuerte en los chimpancés en comparación con los seres humanos debido a nuestra complejidad social.

Pero si todavía hay un largo camino por recorrer en el estudio de la evolución del cerebro humano, tenemos por lo menos un conjunto de rasgos bien estudiados que ha experimentado una enorme simplificación debido a una invención cultural: el complejo masticatorio y los intestinos. El alimento de chimpancé está compuesto esencialmente de frutas ligeramente amargas, ricas en fibra, que resultan desagradables para los humanos. Un ser humano no podría sobrevivir con esa dieta, a menos que, por supuesto, usted sea una delgadísima modelo de pasarela (de todos modos no comería). Poco después del descubrimiento del fuego y de la invención de la cocción de los alimentos el tamaño de los dientes de nuestros antepasados se redujo, al igual que el tamaño del maxilar inferior y de los intestinos. Cocinar los alimentos los vuelve blandos, con menos fibra y más digeribles, lo que a la vez mejora la ingesta de calorías, algo necesario para un cerebro evolucionando en crecimiento, con un alto metabolismo y, por tanto, una gran demanda de calorías. Además, la combinación de los ingredientes en la preparación de los platillos requiere de ingenio. A medida que los cerebros crecían, la mayoría de los componentes del sistema digestivo disminuyeron de tamaño. Estudios realizados entre especies han demostrado una alta correlación positiva entre la calidad de la dieta (que permite la simplificación intestinal) y el tamaño del cerebro en primates. De acuerdo con la hipótesis del "Tejido Costoso," la simplificación del tracto intestinal obedece a un intercambio. A medida que aumenta el volumen cerebral, el cuerpo experimenta una crisis energética cuyas consecuencias son sufridas por los intestinos (Fish y Lockwood, 2003).

La cocina y la eusocialidad humana probablemente coevolucionaron (Wrangham y Conklin-Brittain, 2003; Driver, 2010). Es relativamente fácil para mí —Supongo, sin embargo esta hipótesis no la he probado aún—encender la estufa y cocinar un par de huevos. Después de todo cuento con serillos, que han sido fabricados por muchas personas en colaboración. Pero si fuera de *camping* y no hubiera cerillos tendría un gran problema porque soy incapaz de encender una fogata por mi cuenta. Aun así podría pedirle ayuda al *boy scout* más cercano. Claro, podría comer comida de chimpancé cruda, sin embargo, con el riesgo de ver explotar mis intestinos. Soy sencillo y dependiente pero no me muero de hambre porque soy eusocial. ¡Qué gran ventaja! (Con respecto a la eusocialidad, Nowak y col., 2010 describen y explican su emergencia en los insectos por medio de la selección de grupo, sin embargo, su enfrentamiento con la teoría denominada "*Fitness Inclusivo*" ha desatado polémica: Abbot y col., 2011).

Estos ejemplos nos permiten inferir que la probabilidad de supervivencia de un ser humano fuera de la esfera de protección de la sociedad es menor hoy que en cualquier otro tiempo, ya que somos más simples y dependientes. Sólo debemos recordar las historias de náufragos presentadas en las películas de Hollywood para darnos cuenta de lo difícil que es para un ser humano sobrevivir por su propia cuenta. La creciente complejidad de las comunidades (aumento del número de relaciones entre individuos) se empareja con la simplificación, la especialización y la interdependencia.

Ahora, imaginemos un país gobernado por un tirano, enemigo del progreso. Por decreto, el tirano ordena revertir la marcha hacia el progreso, volviendo a los tiempos antiguos donde todo el mundo sembraba, cuidaba y cosechaba sus propias verduras, ordeñaba su propio ganado, fabricaba sus propias prendas de vestir, construía su propia casa, se automedicaba, etc. Sin duda, esta sociedad colapsaría puesto que hemos perdido la capacidad de hacer todas esas cosas. Los procesos de fabricación modernos son tan especializados que no existe una sola persona en el mundo capaz de fabricar incluso un modesto y humilde lápiz por su propia cuenta (Read, 1958). El progreso, una expresión del aumento de complejidad a nivel social, es fundamentalmente irreversible ya que no es posible entrenar y reprogramar nuestros genomas y nuestros cerebros para que todos hagamos de todo. El costo energético sería demasiado alto. La simplificación que hemos experimentado es la pérdida de información a nivel individual, tanto genética como cultural, y es el producto de la entropía. Su reversión es extremadamente difícil. Y lo que es cierto para los seres humanos, también es cierto para las células que componen un organismo multicelular, o las moléculas que componen una célula. Los acontecimientos que conducen a la complejidad se repiten en cada nivel, al igual que los fractales, y los organismos tienden a evolucionar a niveles de complejidad creciente.

Por supuesto, siempre es posible destruir un sistema o una gran parte de este. Si nuestro tirano arrasara con el 99.99% de la población, muchas variantes genéticas que confieren habilidades específicas y gran parte del desarrollo cultural y tecnológico no estarían representados en el 0,01% restante (Figura 19). Una gran cantidad de datos biológicos y culturales se desvanecería. En estas condiciones de pérdida de información la población en general se vería obligada a trabajar más duro, sólo los individuos más versátiles sobrevivirían y la sociedad en su conjunto se vería muy simplificada. La destrucción de la información en el sistema en general es una manera de detener la evolución (Spielman y col., 2004) y revertir la progresión hacia la complejidad. Aunque los sistemas biológicos son resilientes, es decir, han sido moldeados por la evolución para lidiar con la destrucción y sobrevivir a pesar de ella (Holling, 1973), a medida que esta destrucción aumenta, una mayor cantidad de información se pierde, sin remedio.

Sr. Tirano

Figura 19. En la sociedad moderna incluso la elaboración de un lápiz necesita de la colaboración de miles de personas. Si un tirano destruyera el 99.99% de esa sociedad, muchos de los trabajadores especializados en una parte de la elaboración del lápiz desaparecerían, y con ellos, los lápices. La sociedad se vería simplificada. Una vez traspasado un umbral de destrucción la evolución hacia la complejidad se detiene, e incluso se revierte.

Esto nos lleva a una conclusión sorprendente que bien merece ser elevada al nivel de regla general: la evolución hacia la complejidad en un sistema biológico o social depende en mayor o menor medida de la interacción entre las fuerzas que tienden a la destrucción del sistema en su conjunto —como la depredación excesiva, la caza sin misericordia, la falta de alimentos, los meteoritos, las epidemias, las bombas atómicas, y los tiranos genocidas— y las que llevan a la simplificación de los elementos, como las mutaciones, el silenciamiento de genes o la elección de una determinada ocupación. Pequeñas dosis de destrucción— presión ambiental—podrían ayudar a la activación de los mecanismos de complejidad a nivel de grupo, pero más allá de un umbral la evolución a la complejidad se detiene, o incluso se invierte. En estas condiciones de aumento de la destrucción, la complejidad a nivel individual debe ser favorecida. Para mí, no tiene sentido ser un especialista simplificado si los especialistas en otras cosas tienen mucha probabilidad de morir, y con ellos, su especialidad. ¿Quién me dará lo que necesito? Tengo que cuidar mis propias espaldas y suplir mis necesidades por mi cuenta. Desde luego, el aumento de complejidad a nivel individual deberá retomar el largo y tortuoso camino evolutivo. Debido a la entropía destruir es sencillo; construir, no tanto.

En general, los seres humanos estamos programados para ver la destrucción como algo negativo y malévolo, asociado con el "lado oscuro". Esta percepción de la realidad es necesaria porque para aumentar nuestras probabilidades de supervivencia en la sociedad tenemos que producir orden y complejidad a través de nuestro trabajo y a través de nuestras relaciones con los demás. Pero también sabemos que a veces necesitamos la destrucción, o al menos creemos que es necesaria. Destruimos la vida de animales y plantas para alimentarnos, destruimos viejos edificios para construir otros nuevos, y destruimos ciudades enteras en incursiones bélicas. Desde el punto de vista evolutivo la destrucción tiene una implicación más amplia.

Destrucción y Renovación. La carrera de la vida hacia la complejidad es como un laberinto lleno de obstáculos. Las diferentes formas de vida pasan por el laberinto tratando de sobrevivir, cambiando constantemente las estrategias para superar los obstáculos, que representan las fuerzas selectivas. Ocasionalmente, un organismo entra en un callejón sin salida evolutivo y se vuelve incapaz de seguir evolucionando, cediendo a las fuerzas destructivas del medio ambiente. Desde su aparición, la vida en la Tierra ha tomado muchas formas, pero la mayoría de ellas sucumbió y terminó por extinguirse. Los descendientes de los que logran sortear el laberinto, pasan a otro: el siguiente nivel de complejidad. Algunas formas de vida están a la cabeza en la carrera hacia la complejidad, como nosotros y los insectos sociales, pero muchos otros se han quedado en alguno de los niveles inferiores, adaptándose de maravilla. En esta carrera, la destrucción asegura que sólo los más adaptados sobrevivan. La aniquilación reside en la base misma de la selección natural y la evolución (Raup, 1986).

De la misma forma en que el suministro de un bien o servicio específico corresponde a su demanda en un sistema de libre mercado, dentro de cada célula eucariota la producción de proteínas específicas debe estar muy bien regulada a través de diversos tipos de mecanismos con el fin de satisfacer las necesidades de la célula y el organismo. La regulación se lleva a cabo en varios niveles, y algunos de los pasos implican destrucción. Las moléculas de ARN mensajero son como las fotocopias (transcriptos de ARN) de los planos (genes) para la construcción de proteínas. Los genes están situados en una central de información (núcleo de la célula). El mensajero (la fotocopia) sale de la central hacia el citoplasma, donde es leído por la maquinaria de traducción (ribosomas y enzimas de la traducción). Esta maquinaria entonces, lee las instrucciones y construye la proteína en un proceso que nos recuerda una línea de producción. Un mensajero se puede utilizar para construir muchas moléculas de proteína, por lo que, con el fin de detener la producción (cuando sea necesario) las cadenas de ARN mensajero tienen que ser destruidas continuamente. Debido a que la demanda de proteínas específicas puede cambiar de un momento a otro, y que además puede haber fotocopias defectuosas, se hace necesario contar con mecanismos permanentes de destrucción del ARN. (Byers, 2002; Tijsterman y col., 2002; Shyu y col., 2008). La destrucción de estas moléculas dentro de la célula es masiva y despiadada. Sólo una fracción de los mensajeros producidos en el núcleo sobrevive, aun antes de ser utilizados para sintetizar la proteína. La esperanza de vida de un determinado mensajero una vez que alcanza el citoplasma es de varios minutos. Las "asesinas de mensajeros," unas proteínas llamadas nucleasas, son tan abundantes en la naturaleza que su presencia es un obstáculo para los estudios de ARN en el laboratorio. A primera vista, la degradación de estos portadores de información parece ser una enorme pérdida de energía y recursos, sin embargo, es sumamente necesario para la célula y el organismo en general, para adaptarse rápidamente a los cambios en los requerimientos de la proteína y para llevar a cabo un control de calidad eficiente.

Mientras tanto, la maquinaria de traducción continuamente construye los diferentes tipos de proteínas que necesita la célula, además de aquellas que debe exportar. Una vez formadas, las proteínas intracelulares (las que realizan su función dentro de la célula) trabajan durante algún tiempo, progresivamente se desnaturalizan (envejecen), y son finalmente destruidas (muerte) y recicladas en un depósito de chatarra dentro de la célula llamado proteasoma. A su vez, las proteínas extracelulares (las que realizan su función en el vecindario, fuera de la célula) ya viejas son literalmente tragadas y luego destruidas por un tipo de células limpiadoras (que a la vez son soldados vigilantes) llamadas macrófagos (Glickman y Ciechanover, 2002; Ciechanover, 2005). La destrucción garantiza que las cantidades sean apropiadas en todo momento, y que los elementos viejos, dañados o malformados se eliminen adecuadamente. El envejecimiento y la muerte son un claro ejemplo de la necesidad de destrucción para permitir la rápida adaptación a entornos cambiantes (Longo y col., 2005).

Cada ser humano vive otra vez, literalmente, todos los estadios evolutivos por los que ha pasado la humanidad. Comenzamos nuestra vida como una sola célula (cigoto), similar a nuestros antepasados eucariotas unicelulares que vivieron hace miles de millones de años. Luego, cada una de las etapas de la diferenciación y desarrollo del embrión (ontogenia) simula una etapa del desarrollo evolutivo (filogenia) en un proceso conocido como recapitulación. En esta representación de nuestra historia en la tierra, algunas de las estructuras anatómicas formadas en un determinado periodo de desarrollo embrionario sirven como sustratos para la formación de otras estructuras. En otros casos se forman estructuras que no tienen ninguna función aparente, para luego desaparecer. Estas últimas son destruidas en una especie de auto-aniquilación de células llamada apoptosis o muerte celular programada (Figura 20). ¿Para qué sirven estas partes anatómicas que aparecen y desaparecen en el embrión sin pena ni gloria? Son solo la recapitulación de partes corporales presentes en el ancestro lejano, que en ese entonces debieron tener una función importante pero no fueron necesarias para la supervivencia en etapas evolutivas posteriores. En los meses que dura nuestro desarrollo dentro del útero materno pasamos de parecernos a protistas unicelulares a ser similares a peces, luego a reptiles, pasando por los mamíferos en general, para terminar en las características propias de los humanos (esta es una sobresimplificación puesto que la similitud es con los ancestros comunes). La recapitulación, olvidada por la ciencia durante muchas décadas, resurgió en los 80s con la teoría Evo-Devo (Evolución-Desarrollo) (Gilbert y col, 1996).

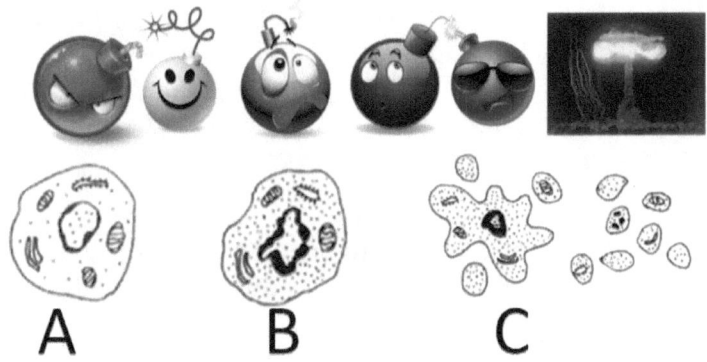

Figura 20. Las células cuentan con un mecanismo de autodestrucción denominado apoptosis. A. célula normal. B. Inicio de la apoptosis. C. La célula se fragmenta.

La muerte celular que ocurre en el embrión en crecimiento a medida que se realiza la revisión de la historia evolutiva de la especie, es impresionante (Cole y Ross, 2001; Gjørret y col., 2003). El modelado de un ser humano comenzando con un cigoto se asemeja a la evolución de nuestra especie que comenzó con un eucariota unicelular (Shumway, 1932), y a lo largo de ambos procesos (desarrollo y evolución) la destrucción ha jugado un papel importante. La mayoría las especies predecesoras del ser humano se han perdido en la bruma de los tiempos, para no volver jamás.

Uno de los órganos con una alta tasa de muerte celular es el cerebro (Kaplan y Miller, 2000; Sastry y Rao, 2000; Yuan y Yankner, 2000). Las neuronas se producen en exceso en el embrión y el feto, y cada día muchas experimentan apoptosis. A pesar de que la tasa de destrucción de neuronas disminuye drásticamente a medida que crecemos y envejecemos, siempre se mantiene activa durante el resto de la vida. La muerte neuronal facilita el modelado y remodelado de las relaciones sinápticas entre las neuronas, con la consiguiente formación de diferentes configuraciones de redes neurales en un proceso mediado por neurotrofinas y factores de transcripción, que a su vez permite el rápido aprendizaje y la adaptación al ambiente específico en el que se desarrolla la persona. Este proceso se ha denominado "plasticidad neuronal" (Gutiérrez y Davies, 2011).

La mayoría de las células que componen un cuerpo humano se divide continuamente. En cada ciclo de división las cadenas de ADN (que contienen los genes) deben ser fielmente copiadas, y esto se hace bastante bien por los primeros (aproximadamente) 30 años de vida por la maquinaria de replicación y reparación del ADN. Sin embargo, alrededor de los 30 años de edad los genes que codifican para las proteínas que forman la maquinaria ya han sufrido ellos mismos suficientes mutaciones para comenzar a envejecer y fallar. A partir de ese momento el envejecimiento se hace gradualmente más evidente en una persona debido a la acumulación de mutaciones somáticas, principalmente en el ADN mitocondrial. Las mutaciones se acumulan lentamente en todos los tipos de células, incluyendo las células madre de los diferentes tejidos, y la senescencia o envejecimiento celular continúa aumentando hasta que los órganos comienzan a fallar y el individuo finalmente muere. (Norddahl y col, 2011; Kennedy y col., 2012; Vijg y Suh, 2013).

Las críticas sobre las nuevas tendencias en la sociedad se escuchan por todos lados. Una inquietud de los padres es que sus hijos apenas leen y se la pasan horas detrás de las consolas de videojuegos, las computadoras o los *ipads*. La tecnología ha disminuido el tiempo de espera para casi todo. Los jóvenes quieren las cosas rápidas y generalmente se aburren con la lentitud y lo extremadamente analógico del aula de clases. No en balde un alto porcentaje de los niños está siendo medicado hoy en día con ritalín o alguna otra droga para combatir el Déficit de Atención con Hiperactividad (de tres a cinco por ciento hace unos años, según el Manual de Diagnóstico y Estadística de Enfermedades Mentales DSM-IV; American Psychiatric

Association, 1995). La deserción escolar en los Estados Unidos ha ido en aumento constante y actualmente ha alcanzado cifras alarmantes (Chapman y col., 2013), lo cual es signo inequívoco del pronto colapso del sistema educativo moderno diseñado para evaluar un desempeño estándar, estereotipado, simulando la banda de producción de la era industrial, sin tomar en cuenta las diferentes capacidades. En cambio, la era de la información, el superorganismo humano en ciernes, requiere de la explotación de aptitudes específicas desde la más tierna infancia. La fuerte competencia por los puestos laborales necesita de la orientación directa hacia las propias habilidades y potencialidades. Lo mejor que podemos hacer los mayores es reconocer nuestra obsolescencia. Con el nacimiento del "sistema nervioso" de la humanidad, la omnipresente red, las soluciones de la era industrial no aplican. Se hace precisa una transformación acorde con los nuevos tiempos, y para ello, las ideas senescentes arraigadas en las viejas generaciones deben morir.

Para adaptarse y evolucionar hay que renovarse. Entonces, la evolución ha favorecido el proceso de envejecimiento de las poblaciones para que las nuevas generaciones tomen el control y dominen. La destrucción y la muerte tienen sentido en los sistemas complejos vivos, y tienen un propósito: garantizar la adaptación a los cambios del entorno con nuevas variantes que sustituyan a las antiguas y las dañadas, y los mismos principios cuentan para una proteína, una célula y un ser humano.

EO Wilson, entomólogo estadounidense experto en el estudio de las comunidades de insectos, compara las poblaciones de hormigas y de seres humanos tratando de establecer cómo emerge la eusocialidad en las estructuras vivas. En su último libro, Wilson (2012) sostiene que a pesar de que la selección de genes que conducen a un comportamiento egoísta es beneficiosa para el ser humano dándole ventaja sobre sus compañeros, también es cierto que la cooperación y el trabajo en equipo favorecen al grupo, por lo que los genes altruistas prevalecen debido a la selección de grupo. Durante miles de años nuestros antepasados vivieron como nómadas cazadores-recolectores formando grupos de 30 a 40 personas, como máximo. Esta fue una época de feroz competencia entre las tribus por los recursos de los territorios. En este sentido, la guerra ha sido un factor importante para la evolución de la eusocialidad en los seres humanos, seleccionando los genes que predisponen a la cooperación y el compromiso dentro de los grupos. En la actualidad, vemos rastros de estos genes en las emociones que experimentamos cuando nuestro equipo favorito gana un juego, o en la lealtad que profesamos a nuestras asociaciones e ideologías. Si eso es verdad, uno de los principales contribuyentes a la base genética de nuestra eusocialidad habría sido la guerra. La necesidad de cooperación dentro de los grupos debido a la competencia entre ellos nos llevó a la cabeza de la evolución hacia la complejidad.

La teoría del Dr. Wilson merece un comentario. La influencia histórica de la competencia, la destrucción y el exterminio de grupos humanos extranjeros por medio de la guerra para hacernos lo que somos no es ni una licencia ni excusa para iniciar nuevas guerras, apoyar ideologías racistas y eugenésicas, o continuar con nuestras tendencias destructivas (el impacto del ser humano en la biosfera y otros recursos del planeta ha marcado una nueva época conocida como "Antropoceno"; Smith y Zeder, 2013). Como especie, hemos arribado a un momento decisivo. Contamos con la tecnología para llevar a cabo genocidios y la destrucción masiva de nuestro medioambiente, pero también para cambiar positivamente el entorno y los genes a través de la tecnología, sin daño a los demás. Las nuevas tecnologías hacen que los enfrentamientos militares sean innecesarios para nuestra posterior evolución hacia una mayor complejidad. La beligerancia, el egoísmo, la agresividad extrema y otros comportamientos vestigiales que se necesitaron en algún momento de nuestro pasado evolutivo, se han convertido en un lastre; restos de nuestra evolución que hoy nos amenazan con nuestra propia extinción.

Y de nuevo, en este momento como en cualquier otro en la historia de nuestra civilización, podemos tomar uno de dos caminos: el camino a la destrucción o la ruta a la evolución al siguiente nivel de complejidad. Los seres humanos hoy en día o en cualquier otro momento, al igual que cualquier otro ser viviente en este mundo, vivimos al filo de la navaja, evolucionando hacia la complejidad pero siempre al borde de la destrucción. Poniéndolo en el lenguaje de los sistemas complejos, los seres humanos y las sociedades humanas son "estructuras disipativas" en riesgo permanente de sufrir eventos de "criticalidad auto-organizada" (es decir, de vez en cuando en un sistema que crece o evoluciona hacia la complejidad se acumula la tensión suficiente para experimentar una ola espontánea de destrucción similar a una avalancha, retornando el sistema al equilibrio. El lapso de tiempo entre dos de tales eventos sigue una ley de potencias, con avalanchas de pequeña magnitud ocurriendo con más frecuencia que las grandes: Prigogine y Lefever, 1968; Bak y col., 1987; Perry, 1995; Sole y col., 1997; Brunk, 2002).

Dos secuencias hacia la complejidad

Diferenciación y cooperación dentro del grupo. Como resumen de lo anterior, yo diría que existen por lo menos dos secuencias básicas de acontecimientos en la generación de complejidad de los seres vivos. En ambas, hay una población inicial homogénea, no diferenciada. Al crecer en tamaño la población se comienza a estructurar por aislamiento, formando grupos homogéneos de seres. En la primera secuencia la complejidad surge en el seno de los grupos. Para comenzar, los grupos comienzan a competir entre sí por los recursos. Aquellos que estén compuestos de individuos cooperadores, al ser más eficientes, tendrán una ventaja sobre los demás por lo que los genes o memes de cooperación son seleccionados. Sin embargo, el triunfo y la supervivencia del grupo cooperante es sólo el comienzo. Las mutaciones, pequeñas variaciones educativas y culturales entre los elementos del grupo o la entropía en general, según el caso, continúan originando variabilidad, de manera que comenzará a establecerse una división del trabajo. En estas condiciones subgrupos específicos que realizan tareas especializadas comienzan a formarse. La información genética restante (o cultural o cualquier otro tipo de información) destinado a realizar otras tareas, ya no será muy necesaria y las mutaciones al azar o cualquier otro mecanismo equivalente de silenciamiento de la información se irá acumulando en los elementos volviéndolos cada vez más especializados, pero también más simples e interdependientes. En este mecanismo, el detonante es la fuerte selección de los grupos de cooperadores, y la progresiva especialización y simplificación de los elementos serán, de forma progresiva, mutuamente reforzadas en un ciclo de retroalimentación positiva. La entropía simplificadora garantiza que el proceso sea en gran medida irreversible. Un buen ejemplo es la previamente mencionada evolución de la eusocialidad en los seres humanos.

Fusión de dos grupos diferenciados. La segunda secuencia surge entre grupos, e implica la separación y el reencuentro. Un grupo se divide en dos subgrupos aislados, A y B. Los subgrupos se mantienen separados uno del otro. Durante el tiempo de separación las mutaciones al azar, la selección natural y otras fuerzas tienden a diferenciar uno del otro de manera progresiva. Después de un tiempo variable que puede ser de cientos, miles, millones o miles de millones de años (según el caso) se reúnen de nuevo. La relación entre A y B podría comenzar como parasitismo, depredación, proto-cooperación, el dominio de un pueblo por otro, relaciones comerciales, etc. Yo arguyo que con el transcurso del tiempo muchas de las relaciones así establecidas tenderán a la simbiosis, pues la cooperación será beneficiosa para ambos grupos —pero de hecho la complejidad puede surgir de cualquier otro tipo de relación. Los depredadores, por ejemplo, son beneficiosos para su presa ya que cazan preferentemente a los débiles manteniendo al grupo saludable (Genovart y col., 2010). Por otro lado, los depredadores podrían impulsar a la población de la presa y viceversa a evolucionar en complejidad, sin embargo la complejidad en este caso se da a través del primer mecanismo, en el que la selección de grupo tiene un papel preponderante (Fryxell y col., 2007).

Incluso las relaciones parasitarias pueden resultar de mutuo beneficio con el tiempo a medida que la simplificación e interdependencia se instalan gradualmente. Por ejemplo, la hipótesis de la higiene afirma que hoy en día la ausencia de exposición de los humanos a los helmintos intestinales (gusanos) debido a la excesiva higiene parece ser un factor ambiental importante que contribuye al desarrollo de diversas patologías, tales como la enfermedad inflamatoria intestinal, el asma bronquial y enfermedades autoinmunes (Okada y col., 2010; Jouvin y Kinet, 2012; Zaccone y Cooke, 2013). Al parecer, el parásito produce sustancias que regulan las vías del sistema inmunológico con el fin de amortiguar sus efectos sobre el medio ambiente del gusano, lo que se traduce en un beneficio para el huésped (nosotros). El huésped entonces se ha simplificado. Ahora dependemos de los parásitos intestinales para que nos hagan el favor de modular nuestros propios sistemas inmunes y mantenernos sanos. ¡Y nosotros matándolos con antiparasitantes! ¡Qué paradoja!

Con el tiempo, la fusión de A y B forman una sola cosa, como antes de la separación, pero ahora la simbiosis mediante la división del trabajo las convierte en algo mucho más complejo. Luego, la especialización y simplificación progresivas y el posterior incremento de la interdependencia continuarán teniendo lugar. Ejemplos de este mecanismo son la aparición de la célula eucariota por endosimbiosis, y la simbiosis de los seres humanos —y otros animales— con la microbiota intestinal (Mathis y Benoist, 2011). Los ecosistemas, a su vez, son sistemas complejos compuestos por innumerables subsistemas dentro de los cuales podemos ver los dos tipos de secuencias.

Vale la pena recalcar algunos puntos: a pesar de que la clasificación en dos tipos de secuencias puede tener alguna función didáctica, el lector atento se habrá dado cuenta que es una sola actuando en niveles de complejidad diferentes. Los elementos comunes son 1) diferenciación, 2) emergencia de la cooperación, 3) especialización, y 4) simplificación. En el contexto de la teoría expuesta aquí, las expresiones "selección de grupo" y "selección individual" son relativas. Selección individual es también selección de grupo en relación con el nivel inmediatamente inferior de complejidad. En cualquier nivel, el desempeño del grupo se puede mejorar con la creación de complejidad mediante esta secuencia, puesto que la repartición de las tareas es más eficiente desde el punto de vista energético.

Una ulterior especialización y simplificación llevarán a perfeccionar diversas estrategias para la supervivencia del grupo, tales como la mejora continua de los métodos de comunicación entre los elementos, y la emergencia de mecanismos de control (tónico, de retroalimentación o antagonistas) que proporcionan estabilidad y resiliencia al sistema. Así, en el estudio de la evolución hacia la complejidad, la evolución del entorno en el que medran los elementos determinada por la mejora de las condiciones "sociales," es decir, la benignidad del "hogar" que depende del grado en el que todos colaboran en sus respectivos roles y proveen, es tan importante como la evolución de los caracteres a nivel individual ya que ambos están íntimamente entrelazados. Para muchos caracteres el grupo y el individuo coevolucionan hacia la complejidad en sentidos opuestos, pero complementarios. El aumento en complejidad del grupo deviene en la simplificación del individuo.

El esquiador bajando la colina

Para ilustrar de una forma diferente la manera en la que la formación de complejidad está acoplada a la energía y a la entropía, voy a correr el riesgo de hacer una generalización de una lección de física elemental que aprendimos en la escuela secundaria. La lección es acerca de la energía potencial y la energía cinética. Energía cinética —nos dijo el profesor— es la que posee un objeto en movimiento, mientras que la energía potencial es energía almacenada. A medida que el esquiador sube la colina en el teleférico almacena energía potencial. Al llegar a la parte superior, la energía potencial está en su máximo. Una vez que se desliza por la pendiente comienza a ganar energía cinética, y al mismo tiempo la energía potencial disminuye. Las rutas que el esquiador puede tomar son diversas, pero tomará sólo una. A medida que cae, el esquiador no puede dar la vuelta y subir la colina excepto por un corto trayecto, después de lo cual comienza a caer de nuevo. Dicho ascenso temporal representa la energía de activación en las reacciones químicas, o en energía e inteligencia invertida en originar complejidad. En el punto más bajo, la energía total —cinética más potencial— es mínima y toda se ha disipado en forma de calor (entropía).

En este punto del libro el lector ya no es ajeno al hecho de que todos los seres vivos se componen esencialmente de proteínas, incluyéndonos a los humanos. Se cree que hay más de 100,000 proteínas diferentes conformando el proteoma humano (sin embargo, la cifra real aun está por ser dilucidada; Barabási y col., 2011) que son las que realizan las múltiples tareas para la supervivencia y el adecuado funcionamiento de nuestro organismo. Una proteína es una cadena de aminoácidos. Hay un total de 20 tipos de aminoácidos y la combinación secuencial de estos en la cadena es lo que (básicamente) diferencia una proteína de otra. Como se apuntó en otro apartado, un gen es un plan o esquema que determinará el orden de los aminoácidos en la proteína, de la misma manera en que los planos de una casa nos dicen en qué posición estará cada pared, ventana o puerta. Como se ha dicho, la capacidad de un aminoácido de enlazarse con otros formando largas construcciones lineales debe haber sido una de las primeras manifestaciones de la vida en la Tierra.

Sin embargo, no es el orden o secuencia de aminoácidos dentro de la cadena lo que le da su función a una proteína específica, sino una propiedad emergente de un nivel más alto de complejidad. La proteína puede llevar a cabo su labor en el cuerpo debido a su forma específica, es decir, a su proyección tridimensional. Es la forma —junto con las fuerzas superficiales— lo que le permite unirse a otras proteínas y sustratos químicos, o formar estructuras complejas en el interior y fuera de las células (Halabi y col., 2009). Pero, ¿cómo adquiere su estructura una proteína específica?

La proyección espacial de la proteína depende directamente de la secuencia de aminoácidos en la cadena. Cada uno de los 20 tipos de aminoácidos tiene características y propiedades particulares. En algunos aminoácidos predominan las cargas negativas, mientras en otros predominan las positiva; algunos son hidrófobos, y otros hidrófilos —con baja y alta afinidad por el agua, respectivamente. Una molécula de proteína se construye dentro de la célula en una forma lineal, con los aminoácidos en fila india, pero esta es una configuración inestable con una gran cantidad de energía interna (potencial), que es equivalente al esquiador en el punto más alto de la colina. Entonces, en un instante, la molécula "cae por la pendiente". Los aminoácidos hidrófobos rechazados por las moléculas de agua se apresuran a esconderse en el centro de la molécula en formación, mientras que los hidrófilos flotan rápidamente a la superficie. Los aminoácidos cargados positivamente se aproximan y se relacionan con los de carga negativa, y los que tienen la misma carga se repelen entre sí, y mientras todo eso sucede la molécula realiza innumerables y febriles contorsiones hasta que, unas fracciones de segundo más tarde, ha obtenido su forma tridimensional final con una energía interna mínima (Gebhardt y col., 2010). Todo este proceso, llamado plegamiento de proteínas, se produce de manera espontánea; sin embargo, el correcto plegamiento es guiado por un conjunto de proteínas "curanderas" llamadas chaperonas (Hartl y Hayer-Hartl, 2009), lo cual es un gran ejemplo de la división del trabajo a nivel molecular.

Lo mismo que el esquiador puede tomar varios caminos en su descenso por la ladera, una proteína específica se puede plegar de distintas maneras posibles llamadas "paisajes de energía" (Wolynes y col., 2012). Algunas de estas formas son funcionales, y algunas no lo son. El conocimiento de las formas funcionales es de capital importancia para el diseño de nuevos fármacos, y su determinación dada una secuencia particular de aminoácidos una de las tareas más arduas de los biólogos moleculares y bioinformáticos para la que es necesaria una gran cantidad de tiempo y potencia de cálculo (Kelley y Sternberg, 2009). Afortunadamente, con el advenimiento de Internet, es posible que el público ceda voluntariamente tiempo de cómputo de sus computadoras para estos y otros trabajos científicos. Como miles de hormigas en el hormiguero, las computadoras actúan conjuntamente para dilucidar la configuración final de una proteína (la donación voluntaria de tiempo de la PC se puede hacer en http://boinc.berkeley.edu/). Por otra parte, recientemente los investigadores han diseñado juegos y rompecabezas que se descargan de la red para que el público pueda utilizar su tiempo libre ensamblando proteínas (http://fold.it/portal). ¡Resulta que los humanos han demostrado ser aún más hábiles que las computadoras en este trabajo! Se prevé que en un futuro próximo muchos de los problemas de la humanidad se resolverán por medio de juegos distribuidos en la red.

No sólo las proteínas comienzan sus vidas en el punto más alto de la colina, los seres humanos también. Poco después de que el espermatozoide fecunda al óvulo y los dos pronúcleos se funden para formar el cigoto, la división celular comienza. Al principio se forma un embrión de dos células, a continuación, de cuatro, ocho, dieciséis, etc. Cada una de estas células durante las primeras divisiones embrionarias es totipotente, es decir, capaz por sí misma de formar un embrión completo. En un momento posterior del desarrollo embrionario las células dejan de ser totipotentes, pero todavía son capaces de formar todos los tipos de tejidos derivados de las tres capas embrionarias –ahora son pluripotentes.

Luego, una mayor diferenciación hace que las células sean capaces de formar sólo tipos específicos de tejidos, y son llamadas "multipotentes" (Mitalipov y Wolf, 2009; Zhangand Kilian, 2013). En etapas posteriores de diferenciación se originan órganos y partes del cuerpo particulares. A medida que las células se especializan y van adquiriendo funciones que le permiten ser parte de un tejido específico, el embrión cae por la pendiente sin posibilidad de subir de nuevo. Durante la etapa fetal, después del nacimiento y hasta el final de nuestras vidas nuestras células continúan cayendo, con una población de células madre multipotentes que se encarga de reponer las células diferenciadas que van muriendo. Hoy en día hemos aprendido a invertir el proceso en el laboratorio por medio de la tecnología de células madre. Ahora, es posible revertir una célula diferenciada y especializada a una célula pluripotente, capaz de derivar en cualquier tejido usando combinaciones de substancias llamadas factores de transcripción. En los campos de la biología del desarrollo y la medicina regenerativa, estamos aprendiendo a dar la vuelta y subir la colina por un momento (Adachi y Schöler, 2013; Ben-David y col., 2013).

El desarrollo humano —o de cualquier otra especie multicelular— desde una célula es un gran ejemplo de la simplificación dentro de un nivel para formar complejidad en el siguiente nivel superior. Las células individuales se originan a partir de un cigoto complejo (totipotente). Entonces, poco a poco se especializa y simultáneamente silencia el resto de sus funciones (simplificación). Mientras tanto, el embrión como un conjunto aumenta en complejidad. Ningún otro proceso en la tierra muestra en todo su esplendor la armonía entre las fuerzas naturales y la entropía, actuando en conjunto para formar complejidad.

Se cree que el mismísimo universo comenzó en el Big Bang como una singularidad con enorme cantidad de energía potencial (negativa) de una magnitud igual a la suma de su energía de reposo (masa) y su energía cinética. Es decir, el universo se originó de la nada a partir de las fluctuaciones cuánticas del vacío (Berman y Trevisan, 2010). A medida que transcurre el tiempo la energía potencial representada por la gravedad y las otras fuerzas, se transforma en energía cinética y finalmente térmica. De modo que al señor Universo no le queda más remedio que caer irreversiblemente por la colina, como el esquiador. Sin embargo, por alguna razón que me parece supremamente embrujante y misteriosa, mientras cae da origen a estructuras cada vez más complejas, de increíble belleza.

Las relaciones humanas

Entre los seres humanos existe una diversidad de tipos de relaciones. Algunas son superfluas y transitorias, como las relaciones de negocios y comerciales, pero otras, como las que se tienen con compañeros de trabajo o estudio, son más profundas. Las relaciones pueden ser horizontales, como con hermanos, hermanas, primos y compañeros, o pueden ser verticales como con los jefes y subordinados, o entre padres e hijos. Los amigos son la familia que quisimos tener, pero en general, los lazos más fuertes son los familiares, que por lo común duran toda la vida. Potentes lazos emocionales de diversos tipos nos acercan unos a otros. Un atributo fundamental de los seres humanos es nuestra mayor capacidad para formar grupos extendidos de familiares cooperadores, incluyendo los suegros y amigos, por lo que nos merecemos una posición entre las especies eusociales (Hardisty y Cassill, 2010; Wilson, 2012).

La relativamente nueva red de telecomunicaciones nos ha permitido acercarnos aun más, incluso a la distancia, y aumentar el número de relaciones interpersonales. Los amigos en un sitio de redes sociales (Facebook, por ejemplo) se numeran en los cientos, incluso miles, aumentando nuestro rango de acción social, el número de relaciones diádicas y la complejidad de la sociedad

(Viswanath y col., 2009; Omoush y col., 2012). Estas relaciones tienen la debilidad de ser más relajadas y menos profundas que aquella "cara a cara", pero no importa si evaluamos esta tendencia como positiva o negativa, su reversión es poco probable.

No se puede minimizar la importancia de la calidad de las relaciones humanas. Al igual que los enlaces químicos entre los elementos y la producción de sustancias de señalización entre las células tienen como objetivo crear complejidad en los niveles moleculares y organísmicos respectivamente, las relaciones humanas constituyen el principal elemento de amalgamación de las sociedades complejas humanas (Figura 21). Muchas características cognitivas que nos permiten vivir en grupos complejos y eficientes se vieron resaltadas (en relación con los simios) desde principios de la evolución del *Homo sapiens*. Ejemplos notables son el amplio desarrollo de estructuras en el cerebro humano, como un área especializada en el reconocimiento facial que se encuentra en la corteza occipito-temporal y otras regiones cerebrales, tales como el hipocampo y el área frontal inferior derecha (Taylor y col., 2011); así como las neuronas espejo, involucradas en el aprendizaje por imitación y en el comportamiento empático (Iacoboni, 2009; Patel, 2011).

Figura 21. Los seres humanos nos amalgamamos formando sociedades debido a tres factores. 1) Nuestra dependencia del entorno protector de la comunidad. 2) La necesidad de producir para sobrevivir, y 3) Nuestra necesidad emocional de relacionarnos con los demás, la más importante.

Wilson (2012) cita al sabio Rabí Hillel, el renombrado erudito judío, cuando alguien alguna vez lo retó a explicar la Torá mientras se paraba sobre un solo pie. El sabio no desestimó el desafío, y mientras mantenía el equilibrio sobre un pie, dijo: "Lo que es detestable para ti, no lo hagas a tu prójimo. Esa es toda la Torá, el resto es la explicación; ve y aprende." No es casualidad que la Biblia también nos enseñe que cuando a Jesús le preguntó un fariseo sobre cuál era el más grande mandamiento de la ley, él respondiera: "Amarás al Señor tu Dios con todo tu corazón y con toda tu alma y con toda tu mente y con todas tus fuerzas." Pero luego afirmó: "El segundo es éste: 'Amarás a tu prójimo como a ti mismo,' no hay otro mandamiento mayor que éstos." Sin el ánimo de introducir doctrina religiosa en un libro de ciencias, es mi opinión que las enseñanzas de Jesucristo marcan una inflexión histórica. Las guerras, la lucha por los territorios aptos para el cultivo, y la conquista y esclavización de pueblos fueron elementos necesarios hasta entonces, moldeando los genes que nos prepararían para la vida gregaria. Pero hace dos mil años Jesucristo trajo un mensaje de humildad, de perdón y de amor al prójimo que nos prepara para el camino hacia el superorganismo.

La "regla de oro", la máxima expresión de empatía, se repite en todas las grandes religiones como el budismo, el confucianismo, el zoroastrismo, el judaísmo, el cristianismo, el islam y el taoísmo. Y esta necesidad de empatía y buenas relaciones no sólo fue reconocida como un elemento clave en la vida humana por Jesucristo y los grandes maestros espirituales, sino también por los filósofos de todos los tiempos.

Cuando se le preguntó en una entrevista de televisión al filósofo británico Bertrand Russell sobre las cosas que él considera que las futuras generaciones deberían saber sobre la vida que vivió y las lecciones que había aprendido de ella, él respondió:

"Me gustaría decir dos cosas: una intelectual y una moral... Lo moral que quiero decir es, debería decir el amor es sabio, el odio es tonto. En este mundo en el que estamos cada vez más cerca y estrechamente interconectados, tenemos que aprender a tolerarnos mutuamente, tenemos que aprender a lidiar con el hecho de que algunas personas dicen cosas que no nos gustan. Sólo de esa manera podemos vivir juntos, y si vamos a vivir juntos y no a morir juntos, debemos aprender una especie de caridad y una especie de tolerancia que es absolutamente vital para la continuación de la vida humana en este planeta".

Pocos lo habrían dicho mejor y con tanta autoridad como Bertrand Russell.

Personalmente, creo que las relaciones humanas son puentes infinitesimales que nos convierten en una parte integral del gran río de la vida en su camino hacia mayores niveles de complejidad; puentes longitudinales que forman redes, y puentes verticales que conectan las generaciones pasadas con las futuras. Las relaciones son la esencia misma de la que está construida la vida. Y hoy en día, las buenas relaciones se han vuelto absolutamente necesarias para nuestra supervivencia como especie, y, además, para dar el siguiente gran salto: hacia el superorganismo global inteligente.

Literatura citada

Abbot P, Abe J, Alcock J, Alizon S, Alpedrinha JA y col. (2011). Inclusive fitness theory and eusociality. Nature. 471(7339):E1-E4.

Adachi K, Schöler HR (2012). Directing reprogramming to pluripotency by transcription factors. Current Opinion in Genetics & Development. En Imprenta.

American Psychiatric Association (1995). DSM-IV. Manual diagnóstico y estadístico de los trastornos mentales. Barcelona: Masson.

Arendt D (2008). The evolution of cell types in animals: emerging principles from molecular studies. Nature Reviews Genetics. 9(11):868-882.

Asimov I (1956). The Last Question. Science Fiction Quarterly. Noviembre.

Bak P, Tang C, Wiesenfeld K (1987). Self-organized criticality: An explanation of the 1/f noise. Physical review letters. 59(4):381-384.

Barabási AL, Gulbahce N, Loscalzo J (2011). Network medicine: a network-based approach to human disease. Nature Reviews Genetics. 12(1):56-68.

Barbrook AC, Howe CJ, Blake N, Robinson P (1998). The phylogeny of the Canterbury Tales. Nature. 394:839.

Bashe CJ, Johnson LR, Palmer JH, Pugh EW (1986). IBM's early computers. MIT press.

Beauchamp C (2010). Who Invented the Telephone? : Lawyers, Patents, and the Judgments of History. Technology and Culture. 51(4):854-878.

Beekman M, Blanché H, Perola M, Hervonen A, Bezrukov V y col. (2013). Genome-wide linkage analysis for human longevity: Genetics of Healthy Aging Study. Aging cell. 12(2):184-93

Ben-David U, Nissenbaum J, Benvenisty N (2013). New Balance in Pluripotency: Reprogramming with Lineage Specifiers. Cell. 153(5):939-940.

Berkhout J, Bosdriesz E, Nikerel E, Molenaar D, de Ridder D y col. (2013). How biochemical constraints of cellular growth shape evolutionary adaptations in metabolism. Genetics. 194(2):505-512.

Berman MS, Trevisan LA (2010). On the Creation of Universe out of Nothing. International Journal of Modern Physics D. 19(08n10):1309-1313.

Boole G (1847). The mathematical analysis of logic. Being an essay toward a calculus of deductive reasoning. Philosophical Library.

Brunk GG (2002). Why do societies collapse? A theory based on self-organized criticality. Journal of Theoretical Politics. 14(2):195-230.

Byers PH (2002). Killing the messenger: new insights into nonsense-mediated mRNA decay. Journal of Clinical Investigation. 109(1):3-6.

Campbell-Kelly M, Aspray W, Wilkes MV (2004). Computer: a history of the information machine (Vol. 2). Boulder: Westview Press.

Cavalli-Sforza LL (1997). Genes, peoples, and languages. Proceedings of the National Academy of Sciences USA. 94(15):7719-7724.

Cavalli-Sforza LL, Piazza A, Menozzi P, Mountain J (1988). Reconstruction of human evolution: bringing together genetic, archaeological, and linguistic data. Proceedings of the National Academy of Sciences USA. 85(16):6002-6006.

Chamary JV, Parmley JL, Hurst LD (2006). Hearing silence: non-neutral evolution at synonymous sites in mammals. Nature Reviews Genetics. 7(2):98-108.

Chapman C, Laird J, KewalRamani A (2013). Trends in high school dropout and completion rates in the United States: 1972-2009. BiblioGov.

Chu S, DeRisi J, Eisen M, Mulholland J, Botstein D y col. (1998). The transcriptional program of sporulation in budding yeast. Science. 282(5389):699-705.

Ciechanover A (2005). Proteolysis: from the lysosome to ubiquitin and the proteasome. Nature Reviews Molecular Cell Biology. 6(1):79-87.

Clarke TC, Bolton S J (2010). The planets and our culture a history and a legacy. Proceedings of the International Astronomical Union. 6(S269): 199-212.

Colantonio S, Lasker GW, Kaplan BA, Fuster V (2003). Use of surname models in human population biology: a review of recent developments. Human Biology. 75(6):785-807.

Cole LK, Ross LS (2001). Apoptosis in the developing zebrafish embryo. Developmental biology. 240(1):123-142.

Collins FS, Lander ES, Rogers J, Waterston RH, International Genome Sequencing Consortium. (2004). Finishing the euchromatic sequence of the human genome. Nature. 431(7011):931-945.

Comas D, Calafell F, Mateu E, Pérez-Lezaun A, Bosch E, y col. (1998). Trading genes along the silk road: mtDNA sequences and the origin of central Asian populations. The American Journal of Human Genetics. 63(6):1824-1838.

Cooper MD, Alder MN (2006). The evolution of adaptive immune systems. Cell. 124(4):815-822.

Crow JF, Mange AP (1965). Measurement of inbreeding from the frequency of marriages between persons of the same surname. Biodemography and Social Biology. 12(4):199-203.

Dafallah SE, Ambago J, El-Agib F (2003). Obstructed labor in a teaching hospital in Sudan. Saudi medical journal. 24(10):1102-1104.

Darwin C (1859). On the Origin of Species.

De Navarro JM (1925). Prehistoric routes between northern Europe and Italy defined by the amber trade. The Geographical Journal. 66(6):481-503.

Dediu D (2013). Genes: Interactions with Language on Three

Levels — Inter-Individual Variation, Historical Correlations and Genetic Biasing. En: The Language Phenomenon. Springer Berlin Heidelberg.

Deeg M. (1999). Multiculturalism in Asian religions: North India. Central Asia and China in ancient times. Ingår i Diskus. 5.

Driver L (2010). What Made Us Human: Analysis of Richard Wrangham's Cooking Hypothesis. Lambda Alpha Journal. 40:21.

Dudley SS (2010). Drug trafficking organizations in Central America: transportistas, Mexican cartels and maras. Shared Responsibility. 9.

Fish JL, Lockwood CA (2003). Dietary constraints on encephalization in primates. American journal of physical anthropology. 120(2):171-181.

Fitch WM (1970). Distinguishing homologous from analogous proteins. Systematic Zoology. 19:99–106.

Foner N (2000). From Ellis Island to JFK: New York's two great waves of immigration. Yale University Press.

Foster K, Shaulsky G, Strassmann JE, Queller DC, ThompsonCRL (2004). Pleiotropy as a mechanism to stabilize cooperation. Nature. 431:693-696.

Frazer KA, Elnitski L, Church DM, Dubchak I, Hardison RC (2003). Cross-species sequence comparisons: a review of methods and available resources. Genome Research. 13(1):1-12.

Fryxell JM, Mosser A, Sinclair AR, Packer C (2007). Group formation stabilizes predator–prey dynamics. Nature. 449(7165):1041-1043.

Gabaldon T, Koonin EV (2013). Functional and evolutionary implications of gene orthology. Nature Reviews Genetics. 14(5):360-366.

Gaym A (2002). Obstructed labor at a district hospital. Ethiopian medical journal. 40(1):11.

Ge H, Qian H (2011). Heat Dissipation and Self-consistent Nonequilibrium Thermodynamics of Open Driven Systems. arXiv preprint arXiv:1106.2564.

Gebhardt J CM, Bornschlögl T, Rief M (2010). Full distance-resolved folding energy landscape of one single protein molecule. Proceedings of the National Academy of Sciences USA. 107(5):2013-2018.

Genovart M, Negre N, Tavecchia G, Bistuer A, Parpal L. y col. (2010). The young, the weak and the sick: evidence of natural selection by predation. PloS one. 5(3):e9774.

Germonpré M, Sablin M, Khlopachev GA, Grigorieva GV (2008). Possible evidence of mammoth hunting during the Epigravettian at Yudinovo, Russian Plain. Journal of Anthropological Archaeology. 27(4):475-492.

Gibson A (2011). A new view of the birth of Homo sapiens. Science. 331(6016):392-394.

Gilad Y, Man O, Glusman G (2005). A comparison of the human and chimpanzee olfactory receptor gene repertoires. Genome research. 15(2):224-230.

Gilbert SF, Opitz JM, Rudolf AR (1996). Resynthesizing Evolutionary and Developmental Biology. Developmental biology. 173:357–372

Gjørret JO, Knijn HM, Dieleman SJ, Avery B, Larsson LI y col. (2003). Chronology of apoptosis in bovine embryos produced in vivo and in vitro. Biology of reproduction. 69(4):1193-1200.

Gleiser PM, Spoormaker VI (2010). Modelling hierarchical structure in functional brain networks. Philosophical Transactions of the Royal Society A: Mathematical, Physical and Engineering Sciences. 368(1933):5633-5644.

Glickman MH, Ciechanover A (2002). The ubiquitin-proteasome proteolytic pathway: destruction for the sake of construction. Physiological reviews. 82(2): 373-428.

Gommans WM, Mullen SP, Maas S (2009). RNA editing: a driving force for adaptive evolution? Bioessays. 31(10):1137-1145.

Goodenough WH (1997). Phylogenetically related cultural traditions. Cross-Cultural Research. 31(1):16-26.

Grabowski MW (2013). Hominin obstetrics and the evolution of constraints. Evolutionary Biology. 40(1):57-75.

Grizzi F, Colombo P, Taverna G, Chiriva-Internati M, Cobos E y col. (2007). Geometry of human vascular system: is it an obstacle for quantifying antiangiogenic therapies? Applied Immunohistochemistry & Molecular Morphology, 15(2):134-139.

Guimaraes-Souza NK, Yamaleyeva LM, AbouShwareb T, Atala A, Yoo JJ (2012). In vitro reconstitution of human kidney structures for renal cell therapy. Nephrology Dialysis Transplantation. 27(8):3082-3090.

Gutierrez H, Davies AM (2011). Regulation of neural process growth, elaboration and structural plasticity by NF-κB. Trends in neurosciences. 34(6):316-325.

Hadany L, Comeron JM (2008). Why are sex and recombination so common? Annals of New York Academy of Sciences. 1133:26-43.

Halabi N, Rivoire O, Leibler S, Ranganathan R (2009). Protein sectors: evolutionary units of three-dimensional structure. Cell. 138(4):774-786.

Handley LJL, Manica A, Goudet J, Balloux F (2007). Going the distance: human population genetics in a clinal world. Trends in Genetics. 23(9):432-439.

Hardisty BE, Cassill DL (2010). Extending eusociality to include vertebrate family units. Biology and Philosophy. 25(3):437-

440.

Hartl FU, Hayer-Hartl M (2009). Converging concepts of protein folding in vitro and in vivo. Nature structural & molecular biology. 16(6):574-581.

Hendler J, Berners-Lee T (2010). From the Semantic Web to social machines: A research challenge for AI on the World Wide Web. Artificial Intelligence. 174(2):156-161.

Herrera-Paz EF, Matamoros M, Carracedo Á (2010). The Garífuna (Black Carib) people of the Atlantic coasts of Honduras: Population dynamics, structure, and phylogenetic relations inferred from genetic data, migration matrices, and isonymy. American Journal of Human Biology. 22(1):36-44.

Herrera-Paz EF (2013). Apellidos e isonimia en las comunidades garífunas de la costa atlántica de Honduras. Revista Médica del Instituto Mexicano del Seguro Social. 51(2):150-7.

Higginson DM, Pitnick S (2011). Evolution of intra-ejaculate sperm interactions: do sperm cooperate? Biological Reviews. 86(1):249-270.

Hill RS, Walsh CA (2005). Molecular insights into human brain evolution. Nature. 437(7055):64-67.

Hirata S, Fuwa K, Sugama K, Kusunoki K, Takeshita H (2011). Mechanism of birth in chimpanzees: humans are not unique among primates. Biology letters. 7(5):686-688.

Hirth KG (1978). Interregional trade and the formation of prehistoric gateway communities. American Antiquity. 35-45.

Hochfelder D (2010). Two controversies in the early history of the telegraph. Communications Magazine, IEEE. 48(2):28-32.

Holling CS (1973). Resilience and stability of ecological systems. Annual review of ecology and systematics. 4:1-23.

Horvath P, Barrangou R (2010). CRISPR/Cas, the immune system of bacteria and archaea. Science. 327(5962):167-170.

Huising MO, Kruiswijk CP, Flik G (2006). Phylogeny and evolution of class-I helical cytokines. Journal of Endocrinology. 189(1):1-25.

Hunt J, Breuker CJ, Sadowsk JA, Moore AJ (2009). Male–male competition, female mate choice and their interaction: determining total sexual selection. Journal of evolutionary biology. 22(1):13-26.

Iacoboni M (2009). Imitation, empathy, and mirror neurons. Annual review of psychology. 60:653-670.

Imbimbo A (2009). Steve Jobs: The Brilliant Mind Behind Apple. Gareth Stevens Publishing.

Jacobi FK, Pusch CM (2010). A decade in search of myopia genes. Frontiers in bioscience: a journal and virtual library. 15:359.

Jakobsson Á (2008). A contest of cosmic fathers. Neophilologus. 92(2):263-277.

Jeknic-Dugic J, Dugic M, Francom A, Arsenijevic M (2012). Quantum Structures of the Hydrogen Atom. arXiv preprint arXiv :1204.3172.

Jobling MA (2001). In the name of the father: surnames and genetics. TRENDS in Genetics. 17(6):353-357.

Jouvin MH, Kinet JP (2012). Trichuris suis ova: Testing a helminth-based therapy as an extension of the hygiene hypothesis. Journal of Allergy and Clinical Immunology. 130(1):3-10.

Kaplan DR, Miller FD (2000). Neurotrophin signal transduction in the nervous system. Current opinion in neurobiology. 10(3):381-391.

Kelley LA, Sternberg MJ (2009). Protein structure prediction on the Web: a case study using the Phyre server. Nature protocols. 4(3):363-371.

Kennedy SR, Loeb LA, Herr AJ (2012). Somatic mutations in aging, cancer and neurodegeneration. Mechanisms of ageing and development. 133(4):118-126.

Kohnert D (2007). African migration to Europe: obscured responsibilities and common misconceptions. GIGA Working Papers.

Kohonen-Corish MR, Al-Aama JY, Auerbach AD, Axton M, Barash CI y col. (2010). How to catch all those mutations — the report of the Third Human Variome Project Meeting, UNESCO Paris, May 2010. Human mutation. 31(12):1374-1381.

Koonin EV (2005). Orthologs, paralogs, and evolutionary genomics 1. Annual Review Genetics. 39: 309-338.

Kumar H, Kawai T, Akira S (2011). Pathogen recognition by the innate immune system. International Reviews of Immunology. 30(1):16-34.

Kurzweil R. (2003). Exponential growth an illusion. Response to Ilkka Tuomi essay (September 23) http://www. kurzweilai. net/meme/frame.html.

Kutschera U, Niklas KJ (2004). The modern theory of biological evolution: an expanded synthesis. Naturwissenschaften. 91(6):255-276.

Ladd TD, Jelezko F, Laflamme R, Nakamura Y, Monroe C, O'Brien JL (2010). Quantum computers. Nature. 464(7285):45-53.

Lander ES (2011). Initial impact of the sequencing of the human genome. Nature. 470(7333):187-197.

Lathrap DW (1973). The antiquity and importance of long-distance trade relationships in the moist tropics of pre-Columbian South America. World Archaeology. 5(2):170-186.

Leiner BM, Cerf VG, Clark DD, Kahn RE, Kleinrock L y col. (2009). A brief history of the Internet. ACM SIGCOMM Computer

Communication Review. 39(5):22-31.

Levy S, Sutton G, Ng PC, Feuk L, Halpern AL y col. (2007). The diploid genome sequence of an individual human. PLoS biology. 5(10):e254.

Li JZ, Absher DM, Tang H, Southwick AM, Casto AM y col. (2008). Worldwide human relationships inferred from genome-wide patterns of variation. Science. 319(5866):1100-1104.

Li Y, Vinckenbosch N, Tian G, Huerta-Sanchez E, Jiang T y col. (2010). Resequencing of 200 human exomes identifies an excess of low-frequency non-synonymous coding variants. Nature genetics. 42(11):969-972.

Lin H, Shuai JW (2010). A stochastic spatial model of HIV dynamics with an asymmetric battle between the virus and the immune system. New Journal of Physics. 12(4):043051.

Liu X (2001). The Silk Road: overland trade and cultural interactions in Eurasia. En: Agricultural and Pastoral Societies in Ancient and Classical History. 151-79. Philadelphia. Temple University Press.

Longo VD, Mitteldorf J, Skulachev VP 2005. Programmed and altruistic ageing. Nature Reviews Genetics. 6:866–872.

Lopes R, Betrouni N (2009). Fractal and multifractal analysis: A review. Medical image analysis. 13(4):634.

MacArthur DG, Balasubramanian S, Frankish A, Huang N, Morris J y col. (2012). A systematic survey of loss-of-function variants in human protein-coding genes. Science. 335(6070):823-828.

Magon N, Kalra S (2011). The orgasmic history of oxytocin: Love, lust, and labor. Indian Journal of Endocrinology and Metabolism. 15(Suppl3):S156.

Mandelbrot BB (1982). The Fractal Geometry of Nature. New York: WH Freeman and Co.

Marian AJ (2013). Errors in DNA replication and genetic diseases. Current opinion in cardiology. 28(3):269-271.

Marks SJ, Levy H, Martinez-Cadenas C, Montinaro F, Capelli C (2012). Migration distance rather than migration rate explains genetic diversity in human patrilocal groups. Molecular Ecology. 21(20):4958-4969.

Massey DS (2002). A brief history of human society: The origin and role of emotion in social life. American Sociological Review. 67(1):1-29.

Mathis D, Benoist C (2011). Microbiota and autoimmune disease: the hosted self. Cell Host & Microbe. 10(4):297-301.

Mckitterick R. (2000). Books and sciences before print. En: Books and the sciences in history.

McNally JG, Mazza D (2010). Fractal geometry in the nucleus. The EMBO journal. 29(1):2.

Mesoudi A, Whiten A, Laland KN (2004). Perspective: is human cultural evolution Darwinian? Evidence reviewed from the perspective of The Origin of Species. Evolution. 58(1):1-11.

Mesoudi A, Whiten A, Laland KN (2006). Towards a unified science of cultural evolution. Behavioral and Brain Sciences. 29(4):329-346.

Mitalipov S, Wolf D (2009). Totipotency, pluripotency and nuclear reprogramming. En:Engineering of Stem Cells (pp. 185-199). Springer Berlin Heidelberg.

Moazed D (2009). Small RNAs in transcriptional gene silencing and genome defense. Nature. 457(7228):413-420.

Moore GE (1998). Cramming more components onto integrated circuits. Proceedings of the IEEE. 86(1):82-85.

Nicolis G, Prigogine I (1971). Fluctuations in nonequilibrium systems. Proceedings of the National Academy of Sciences USA. 68(9):2102-2107.

Nomiyama H, Osada N, Yoshie O (2010). The evolution of mammalian chemokine genes. Cytokine & Growth Factor Reviews. 21(4):253-262.

Norddahl GL, Pronk CJ, Wahlestedt M, Sten G, Nygren JM y col. (2011). Accumulating mitochondrial DNA mutations drive premature hematopoietic aging phenotypes distinct from physiological stem cell aging. Cell stem cell. 8(5):499-510.

Nowak MA, Tarnita CE, Wilson EO (2010). The evolution of eusociality. Nature. 466(7310):1057-1062.

Okada H, Kuhn C, Feillet H, Bach JF (2010). The 'hygiene hypothesis' for autoimmune and allergic diseases: an update. Clinical & Experimental Immunology. 160(1):1-9.

Omoush A, Saleh K, Yaseen SG, Atwah Alma'aitah M (2012). The impact of Arab cultural values on online social networking: The case of Facebook. Computers in Human Behavior. 28(6):2387-2399.

Orr HA (2010). The population genetics of beneficial mutations. Philosophical Transactions of the Royal Society B: Biological Sciences. 365(1544):1195-1201.

Oppenheimer S (2012). Out-of-Africa, the peopling of continents and islands: tracing uniparental gene trees across the map. Philosophical Transactions of the Royal Society B: Biological Sciences, 367(1590):770-784.

Park IH, Zhao R, West JA, Yabuuchi A, Huo H y col. (2007). Reprogramming of human somatic cells to pluripotency with defined factors. Nature. 451(7175):141-146.

Parpola S (2004). National and ethnic identity in the Neo-Assyrian empire and Assyrian identity in post-empire times. Journal of Assyrian Academic Studies. 18(2):5-22.

Pascual V, Chaussabel D, Banchereau J (2010). A genomic approach to human autoimmune diseases. Annual review of immunology. 28:535.

Patel T (2011). Mirror Neurons: Recognition, Interaction, Understanding. Berkeley Scientific Journal. 14(2).

Pearson H (2007). Meet the human metabolome. Nature. 446(7131):8.

Peck JR (1994). A ruby in the rubbish: beneficial mutations, deleterious mutations and the evolution of sex. Genetics. 137(2):597-606.

Perry DA (1995). Self-organizing systems across scales. Trends in Ecology & Evolution. 10(6):241-244.

Pestka S, Krause CD, Sarkar D, Walter MR, Shi Y y col. (2004). Interleukin-10 and related cytokines and receptors. Annual Reviews of Immunology. 22:929-979.

Pfaus JG, Kippin TE, Centeno S (2001). Conditioning and sexual behavior: a review. Hormones and Behavior. 40(2):291-321.

Phillips PK, Heath JE (1995). Dependency of surface temperature regulation on body size in terrestrial mammals. Journal of Thermal Biology. 20(3):281-289.

Pierce SK, Miller LH (2009). World Malaria Day 2009: what malaria knows about the immune system that immunologists still do not. The Journal of Immunology. 182(9):5171-5177.

Prigogine I, Lefever R (1968). Symmetry breaking instabilities in dissipative systems. II. The Journal of Chemical Physics. 48:1695.

Rachlin H (2002). Altruism and selfishness. Behavioral and Brain Sciences. 25(2):239-250.

Raup DM (1986). Biological extinction in earth history. Science. 231(4745):1528-1533.

Raynal NJM, Si J, Taby RF, Gharibyan V, Ahmed S y col. (2012). DNA methylation does not stably lock gene expression but instead serves as a molecular mark for gene silencing memory. Cancer research. 72(5):1170-1181.

Read LE (1958). I, the pencil. NY: Irvington-on-Hudson.

Rock WP, Sabieha AM, Evans RIW (2006). A cephalometric comparison of skulls from the fourteenth, sixteenth and twentieth centuries. British dental journal. 200(1):33-37.

Rodgers D, Muggah R, Stevenson C (2009). Gangs of Central America: causes, costs, and interventions. Small Arms Survey. Graduate Institute of International and Development Studies. Geneva.

Rosenberg K, Trevathan W (2002). Birth, obstetrics and human evolution. BJOG: An International Journal of Obstetrics & Gynaecology. 109(11):1199-1206.

Roth G, Dicke U (2005). Evolution of the brain and intelligence. Trends in cognitive sciences. 9(5):250-257.

Sastry PS, Rao KS (2000). Apoptosis and the nervous system. Journal of neurochemistry. 74(1):1-20.

Saw SM, Chua WH, Wu HM, Yap E, Chia KS y col. (2000). Myopia: gene-environment interaction. Annals of the Academy of Medicine. Singapore. 29(3):290.

Scapoli C, Mamolini E, Carrieri A, Rodriguez-Larralde A, Barrai I (2007). Surnames in Western Europe: A comparison of the subcontinental populations through isonymy. Theoretical population biology. 71(1):37-48.

Schiller NG, Basch L, Blanc-Szanton C (1992). Transnationalism: A new analytic framework for understanding migration. Annals of the New York Academy of Sciences. 645(1):1-24.

Schneider ED, Kay JJ (1994). Life as a manifestation of the second law of thermodynamics. Mathematical and computer modelling. 19(6):25-48.

Schneider ED, Kay JJ (1995). Order from disorder: the thermodynamics of complexity in biology. En: What is life?

The next fifty years: Speculations on the future of biology. 161-172.

Schwartz SH, Huismans S (1995). Value priorities and religiosity in four western religions. Social Psychology Quterly. 58(2):88-107.

Shumway W (1932). The recapitulation theory. The Quarterly Review of Biology. 7(1):93-99.

Shyu AB, Wilkinson MF, van Hoof A (2008). Messenger RNA regulation: to translate or to degrade. The EMBO journal. 27(3):471-481.

Small RL, Cronn RC, Wendel JF (2004). LAS Johnson Review No. 2. Use of nuclear genes for phylogeny reconstruction in plants. Australian Systematic Botany. 17(2):145-170.

Smith BD, Zeder MA (2013). Anthropocene. The Onset of the Anthropocene. En Imprenta.

Smith TW (1990). Classifying protestant denominations. Review of Religious Research. 31(3):225-245.

Sober E, Wilson DS (2011). Adaptation and natural selection revisited. Journal of Evolutionary Biology. 24(2):462-468.

Sole RV, Manrubia SC, Benton M, Bak P (1997). Self-similarity of extinction statistics in the fossil record. Nature. 388(6644):764-767.

Sorci G, Cornet S, Faivre B (2013). Immune Evasion, Immunopathology and the Regulation of the Immune System. Pathogens. 2(1):71-91.

Spencer J, Thomas MSC, McClelland JL (2009). Toward a unified theory of development: connectionism and dynamic systems theory re-considered. Oxford/Nueva York: Oxford University Press.

Spielman D, Brook BW, Frankham R (2004). Most species are not driven to extinction before genetic factors impact them.

Proceedings of the National Academy of Sciences USA. 101(42):15261-15264.

Stern A, Sorek R (2011). The phage-host arms race: Shaping the evolution of microbes. Bioessays. 33(1): 43-51.

Stewart C (1999). Syncretism and its synonyms: Reflections on cultural mixture. Diacritics. 29(3): 40-62.

Stower H (2012). Chromosome biology: Pairing up for the genetic exchange. Nature Reviews Genetics. 13(7):449-449.

Swade D, Babbage C (2001). Difference Engine: Charles Babbage and the Quest to Build the First Computer. Viking Penguin.

Taylor MJ, Mills T, Pang EW (2011). The development of face recognition; hippocampal and frontal lobe contributions determined with MEG. Brain topography. 24(3-4):261-270.

Temin P (2001). A market economy in the early Roman Empire. The Journal of Roman Studies. 91:169-181.

Tetel MJ, Pfaff DW (2010). Contributions of estrogen receptor-α and estrogen receptor-β to the regulation of behavior. Biochimica et Biophysica Acta (BBA)-General Subjects. 1800(10):1084-1089.

Tijsterman M, Ketting RF, Plasterk RH (2002). The genetics of RNA silencing. Annual Review of Genetics. 36(1):489-519.

Todman D (2007). A history of caesarean section: from ancient world to the modern era. Australian and New Zealand Journal of Obstetrics and Gynaecology. 47(5):357-361.

Vaissière T, Sawan C, Herceg Z (2008). Epigenetic interplay between histone modifications and DNA methylation in gene silencing. Mutation Research/Reviews in Mutation Research. 659(1):40-48.

Vespignani A (2010). Complex networks: The fragility of interdependency. Nature. 464(7291):984-985.

Vidal M, Cusick ME, Barabasi AL (2011). Interactome networks and human disease. Cell. 144(6):986-998.

Vijg J, Suh Y (2013). Genome instability and aging. Annual review of physiology. 75(1).

Viswanath B, Mislove A, Cha M, Gummadi KP (2009). On the evolution of user interaction in facebook. En: Proceedings of the 2nd ACM workshop on Online social networks (pp. 37-42). ACM.

Von Cramon-Taubadel N, Lycett SJ (2008). Brief communication: human cranial variation fits iterative founder effect model with African origin. American Journal of Physical Anthropology. 136(1):108-113.

Wagner A (2011). Genotype networks shed light on evolutionary constraints. Trends in ecology & evolution. 26(11):577-584.

Wagner CS, Leydesdorff L (2005). Network structure, self-organization, and the growth of international collaboration in science. Research policy. 34(10):1608-1618.

Wells C (1975). Ancient obstetric hazards and female mortality. Bulletin of the New York Academy of Medicine. 51(11):1235.

Wells JC, DeSilva JM, Stock JT (2012). The obstetric dilemma: An ancient game of Russian roulette, or a variable dilemma sensitive to ecology? American journal of physical anthropology. 149(S55):40-71.

Wheeler DA, Srinivasan M, Egholm M, Shen Y, Chen L y col. (2008). The complete genome of an individual by massively parallel DNA sequencing. Nature. 452(7189):872-876.

Wiedenheft B, Sternberg SH, Doudna JA (2012). RNA-guided genetic silencing systems in bacteria and archaea. Nature. 482(7385):331-338.

Wilson D, Wilson E (2007). Rethinking the Theoretical Foundations of Sociobiology. The Quarterly Review of Biology. 82(4):327-348.

Wilson EO (2012). The social conquest of earth. Liveright.

Wittman AB, Wall LL (2007). The evolutionary origins of obstructed labor: bipedalism, encephalization, and the human obstetric dilemma. Obstetrical & gynecological survey. 62(11): 739-748.

Wolynes PG, Eaton WA, Fersht AR (2012). Chemical physics of protein folding. Proceedings of the National Academy of Sciences USA. 109(44):17770-17771.

Wrangham R, Conklin-Brittain N (2003). Cooking as a biological trait. Comparative Biochemistry and Physiology-Part A: Molecular & Integrative Physiology. 136(1):35-46.

Xing C, Qiao H, Li Y, Ke X, Zhang Z, Zhang B, Tang J (2012). Fractal Self-Assembly of Single-Stranded DNA on Hydrophobic Self-Assembled Monolayers. The Journal of Physical Chemistry B. 116(38):11594-11599.

Yuan J, Yankner BA (2000). Apoptosis in the nervous system. Nature. 407(6805):802-809.

Zaccone P, Cooke A (2013). Vaccine against autoimmune disease: can helminths or their products provide a therapy? Current Opinion in Immunology. En Imprenta.

Zhang D, Kilian KA (2013). The effect of mesenchymal stem cell shape on the maintenance of multipotency. Biomaterials. En Imprenta.

Conclusión: El futuro

"La razón por la que el universo es eterno es que no vive para sí mismo, sino que da vida a otros mientras se transforma"

— Lao Tzu

Sexo en la Ciudad (o en el superorganismo)

El barajamiento de los genes para producir variabilidad es un fenómeno generalizado, y como se señaló *ut supra* a propósito de la fractalidad, actúa en diferentes niveles de complejidad. Se ha demostrado que las especies que se reproducen sexualmente sobreviven más tiempo que aquellas con reproducción asexual, con la excepción, naturalmente, de los microorganismos de rápida reproducción como bacterias y arqueas. Entonces, ¿qué fuerzas naturales hacen aparecer, evolucionar y extenderse por la naturaleza a la reproducción sexual cuando, evolutivamente hablando, el sexo parece ser desfavorable para el individuo? El apareamiento requiere de un gasto excesivo de energía, tanto en la búsqueda de compañero como en el acto mismo de la cópula, incrementa el riesgo de ser capturado por los depredadores, facilita la propagación de enfermedades de transmisión sexual, y cada individuo pasa solo la mitad de su material genético a la descendencia. La reproducción sexual no tiene mucho sentido a nivel individual, pero en realidad, la naturaleza ubicua de la sexualidad nos relata una historia completamente diferente.

En particular, un modelo teórico basado en la llamada epistasis negativa ha llamado fuertemente la atención de los biólogos y genetistas evolutivos ya que podría explicar la evolución de la recombinación genética durante las divisiones meióticas (Kondrashov, 1988). Si ocurre una mutación resultando en una variante alélica dañada, será menos nociva cuando esté sola que cuando se acompañe de otros alelos deletéreos en el resto del genoma. Los efectos negativos de este tipo de alelos se exacerban cuando están juntos de una manera aditiva, mutuamente reforzada. Según la teoría la recombinación ayudaría a poner estos alelos juntos, lo que resultaría en fenotipos muy mal adaptados que se eliminan de la población por selección negativa.

¿Qué hay de malo con este modelo dentro de la evolución hacia la complejidad? Aunque la epistasis negativa podría explicar la supervivencia a largo plazo de las especies que se reproducen sexualmente, además de otros enigmas evolutivos, la fuerte selección negativa no explica cómo la sexualidad contribuye a la creación de complejidad, ya que su única función sería purgar los alelos deletéreos. Pero de hecho, la reproducción sexual tiene que haber sido un elemento importante en la evolución hacia la complejidad ya que las especies sexuales son las que principalmente han evolucionado hacia estadios más complejos (recordemos que las bacterias asexuales no lograron saltar a la multicelularidad). Por lo tanto, la reproducción sexual debe ser un fuerte elemento de contribución a la complejidad, pero por otros medios.

Hay dos factores fundamentales, centrales a la teoría de la evolución hacia la complejidad que se presenta aquí: 1) algunos cambios positivos que contribuyen a la mejora y especialización de los elementos de una población, y 2) una extensa simplificación—que puede originarse por mutaciones no tan ventajosas, o incluso deletéreas—, lo que conduce a la interdependencia. Entonces, la sexualidad debe contribuir a la creación de complejidad permitiendo la supervivencia de un alto número de variantes genéticas. Por ejemplo, la segregación aleạtoria de los cromosomas durante la meiosis puede permitir la supervivencia de alelos deletéreos cuya función es compensada por los normales (resesividad). Además, los haplotipos (variantes alélicas en el mismo cromosoma) que contienen alelos deletéreos se pueden separar a través de la recombinación meiótica, lo que permite la supervivencia de los alelos malos a través de la neutralización. La evidencia es compatible con el hecho de que tanto las mutaciones positivas como las negativas son esenciales en la evolución de la sexualidad (Hartfield y Keightley, 2012; Jiang y col., 2013). Sin embargo, los efectos neutralizantes de la reproducción sexual sobre los alelos "no tan buenos" podrían contribuir a la complejidad en poblaciones humanas y de otros mamíferos eusociales. Por consiguiente la sexualidad debe ayudar en la selección de grupo permitiendo la supervivencia de un mayor número de variantes alélicas, manteniendo un conjunto de genes en la población que pueden ser utilizados en cualquier momento. Durante la evolución hacia la complejidad, estos genes se pueden utilizar como una fuente de variabilidad, de diferenciación individual, y de simplificación y especialización, todo lo cual podría contribuir a crear interdependencia, división del trabajo, cooperación, y por lo tanto, adaptación a nivel de grupo.

Así las cosas, aterrizaré en la siguiente pregunta: ¿Hay alguna evidencia de influencia genética en la división del trabajo dentro de las sociedades humanas complejas? Bueno, al menos alguna (Nicolau y Shane, 2010). Pero si así fuera, ¿Será que la especialización en las diferentes áreas laborales continuará su marcha en los humanos cómo para determinar diferencias genéticas significativas?

La diferenciación genética entre subgrupos humanos que habitan en un determinado territorio surge de la falta de encuentros sexuales entre ambos subgrupos, lo que es influido por la distancia o por evitación sexual. En una población subdividida desde el punto de vista genético, los apareamientos se dan preferencialmente entre individuos del mismo subgrupo, y por lo tanto, estos subgrupos se diferencian unos de otros con el tiempo (Holsinger y Weir, 2009; Bamshad y col., 2003; Basu y col., 2003). Los factores que conducen a la subdivisión incluyen las diferencias raciales, étnicas, en el nivel socioeconómico o religiosas.

No es descabellada la idea de que dentro de una gran ciudad, muchas generaciones de matrimonios entre personas estrechamente relacionadas por sus profesiones puedan generar algo de diferenciación, surgiendo genes especializados para cada ocupación. En una gran ciudad, un lugar de residencia cercano al sitio de trabajo es una solución eficiente al enorme gasto de energía que requiere el tener que transportarse, y además aumenta el tiempo productivo, por lo que es probable que esta configuración se adopte en las megalópolis bien diseñadas del futuro. Bajo estas condiciones, es fácil inferir cómo algunos subgrupos laborales se diferenciarían, con el tiempo, de los demás. La endogamia en un grupo de personas que compartan cierto territorio y ocupación llevaría a que las variantes genéticas relacionadas con las aptitudes para la labor o profesión específica fueran seleccionadas. Aunque inicialmente la recombinación genética produciría individuos con una variedad de aptitudes, muchos de los no aptos para la labor de su grupo emigrarían y terminarían residiendo finalmente en otro sitio, eliminando del grupo las variantes genéticas no aptas. Con el tiempo, esto resultaría en la homogenización genética dentro de los grupos laborales, pero aumentaría la diferenciación entre los grupos. La ciudad comenzaría a estructurarse como un organismo. Cada grupo laboral contaría con una ubicación más o menos precisa, y realizaría una actividad específica dentro del contexto total, tal como los órganos de un organismo, y los habitantes de esos "órganos" vendrían a ser como las células.

¿Qué pasará entonces con el resto de los genes? Aunque la

diferenciación genética laboral es plausible en la marcha de la magalópolis hacia el superorganismo, sabemos que las células que forman los organismos multicelulares se caracterizan por ser genéticamente homogéneas. Si asumimos que las poblaciones humanas están evolucionando hacia superorganismos, también debemos tener en cuenta que es posible que la homogeneización genética en grandes porciones del genoma se lleve a cabo poco a poco en ellas. Los metazoos se desarrollan generalmente a partir de una sola célula hasta formar un organismo complejo compuesto por muchas células, con división del trabajo. La diferenciación de los grupos celulares dentro del organismo del metazoo se lleva a cabo por medio de cambios epigenéticos (la metilación para silenciar genes que no se necesitan, como se había comentado en otro apartado), y no por mutaciones somáticas que cambian las secuencias genéticas originando nuevas variantes. De la misma manera, a medida que el superorganismo se estructure cada vez más, los individuos experimentarán homogenización genética entre ellos. Así que las modificaciones epigenéticas individuales, añadidas a la plasticidad cerebral influidas por el entorno social y la educación, continuarán siendo factores importantes hacia la especialización, la división del trabajo, y una mayor evolución hacia la complejidad.

En la mayoría de los metazoos, sólo una pequeña fracción de las células que componen el organismo se especializa en la reproducción sexual, y lo mismos acontece para las comunidades de insectos eusociales, como las abejas y las hormigas. A diferencia de la mayoría de los metazoos, la reproducción de los superorganismos de insectos sociales sigue siendo autónoma, es decir, es de naturaleza hermafrodita (cada colonia cuenta con ambos sexos), y el dimorfismo sexual no ha aparecido todavía en este nivel de complejidad. La sexualidad se limita a la reina y los zánganos, que simulan el huevo y los espermatozoides en los metazoos. En otras palabras, los hormigueros aun no se diferencian en "hormigueros machos" y "hormigueros hembras", aunque es probable que la evolución hacia mayor complejidad los lleve a ello.

Si continuamos con la secuencia lógica de las comunidades humanas en evolución hacia superorganismos, llegamos a una conclusión incómoda: las funciones reproductivas deberán ser finalmente una actividad especializada, limitada sólo a una fracción de los habitantes. La actividad reproductiva deberá desaparecer poco a poco de la mayor parte de la población. En un superorganismo genéticamente homogéneo ya no es necesaria la generación de variabilidad entre los habitantes que lo conforman, aunque sí será aun necesaria para poblar otros hábitats dentro y fuera del planeta Tierra. El humano estándar, el estereotipo ideal, aumentará en proporciones dentro de las grandes ciudades. La transformación de los seres humanos normales en estos modelos, muy probablemente longevos, sanos, atléticos, bien parecidos y sexualmente atractivos, extrovertidos e inteligentes (pero no en extremo), será posible gracias a la edición genética, los avances en la cirugía estética, la ingeniería de tejidos, y otras ayudas tecnológicas. En estas condiciones, la reproducción sexual como medio de barajamiento de genes ya no será muy necesaria y podrá experimentar una relajación evolutiva. Por supuesto, esto no significa el final de la sexualidad humana. ¡Para comenzar jamás permitiríamos que eso sucediera! Pero la sexualidad como mecanismo de reproducción se verá drásticamente reducida.

¿Hay alguna prueba que apoye la afirmación de que la presión ambiental y social en el mantenimiento de la reproducción sexual en las poblaciones humanas se está relajando? La respuesta es un sí definitivo. Por ejemplo, la aparición de la anticoncepción significó el divorcio de la reproducción y el sexo. Además, la transición demográfica, es decir, la notable disminución en las tasas de natalidad y mortalidad en aquellas sociedades que pasan de un estado pre-industrial a un sistema económico industrializado se ha demostrado ampliamente, observándose una disminución en el número promedio de hijos por familia en las décadas de la posguerra, sobre todo en los países europeos (Galor y Weil, 2000; Galor, 2005). La calidad de los recuentos de espermatozoides en los hombres en todo el mundo –y por ende la fertilidad masculina— ha disminuido de manera constante desde inicios del siglo pasado, tal como lo sugieren varios estudios (Merzenich y col., 2010), y la orientación sexual hacia la homosexualidad y la diversidad sexual ha aumentado en los países desarrollados después de que se llevaran a cabo los movimientos de liberación gay en los años 60 y 70 (Adler, 2013), sin contar la proliferación de los movimientos feministas con un discurso tendiente a disminuir el dimorfismo sexual. Estas manifestaciones de la reducción de la sexualidad como una simple herramienta para la reproducción, pueden ser producto de la transición de las ciudades de simples comunidades de organismos humanos a verdaderos superorganismos.

El principal mecanismo por el cual la sexualidad que tiene por objeto la reproducción desaparece en una fracción cada vez más grande de las sociedades humanas, es el relajamiento evolutivo. Hoy en día aun los individuos homosexuales estrictos son capaces de crear progenie mediante tecnologías de reproducción asistida, permitiendo (paradójicamente) la supervivencia de los alelos que no favorecen la reproducción sexual y del mantenimiento del dimorfismo entre sexos. Al continuar esta tendencia la sociedad del futuro se acercará cada vez más a la distopia imaginada por Aldous Huxley en su obra *Brave New World* (1932), aunque contrario a lo propuesto por esta obra, de una manera natural y no impuesta por los gobiernos.

En resumen, una homogenización de la mayoría de los rasgos físicos en los habitantes de la ciudad del futuro se acompañará de diferenciación y especialización en las actividades laborales, y un aumento de la variabilidad sexual y la androginia. Ciertamente, habremos recorrido un largo camino desde las primeras comunidades sedentarias construidas junto a los ríos hasta las megalópolis del futuro. Sin embargo, el crecimiento de una ciudad puede tener un límite impuesto por restricciones todavía no conocidas, y la acumulación de complejidad en niveles más altos ha aumentado recientemente. Es probable que esta tendencia se vea acrecentada en las próximas décadas.

La globalización y la apertura de los mercados

Volvamos al tema de la inteligencia. Recordemos un poco la comunicación por medio de sustancias químicas en organismos multicelulares simples, la formación de estructuras especializadas para el transporte, y la aparición de los sistemas nerviosos primitivos en forma redes o sincitios. El surgimiento del sistema nervioso en el escenario evolutivo permitió la formación de organismos multicelulares más grandes y complejos, pero la vida tuvo que esperar cientos de millones de años para la verdadera inteligencia avanzada.

Sin duda, el superorganismo global humano todavía se encuentra en una fase evolutiva temprana (Figura 22). Saltamos de la comunicación química, visual y auditiva a las redes eléctricas, como los teléfonos móviles e internet en tan sólo un par de siglos. Pero estas redes siguen siendo sólo eso: redes relativamente simples y aun bastante planas. No observamos en las redes el tipo de complejidad que se encuentra en el sistema nervioso central de los animales superiores, con sofisticados mecanismos de control local y global, o estructuras jerárquicas especializadas. Los cerebros humanos, por ejemplo, son las estructuras más complejas conocidas albergando un número extraordinario de conexiones, organizadas en varios niveles de complejidad (Saver, 2006). El sistema nervioso global de la humanidad se encuentra lejos aún de ese grado de complejidad, sin embargo, podemos observar cómo el superorganismo global comienza a tomar vida propia, y con él, la aparición de nuevos problemas globales.

Figura 22. La teoría de Gaia sostiene que la Tierra es un organismo vivo (Lovelock, 2003). En mi opinión, en lugar de organismo debemos considerar la biósfera y geografía de nuestro planeta como un ecosistema, simbiótico con el superorganismo global humano. El correcto proceso de simbiogénesis dependerá de nosotros, del uso adecuado de los recursos y nuestro respeto por la vida. Los elementos para la formación del superorganismo ya están dados, en especial, el acceso a la información universal por parte de cualquier ser humano del planeta, y un sistema nervioso en desarrollo.

En los años noventa, en su marcha hacia el superorganismo global, la humanidad se aventuró a la formación de una nueva red de comercio mundial llamada globalización. Los mercados se liberaron y las fronteras comenzaron a desaparecer para las transacciones económicas (Bekaert y col., 2003). Alrededor del mundo, los campesinos comenzaron a colocar sus productos en el mercado mundial y podían saber el precio de venta en todo momento gracias a una conexión a Internet. Comerciantes, empresarios, industriales y financieros de todo el mundo vieron cómo sus operaciones y su búsqueda de socios estratégicos se simplificaban enormemente gracias al correo electrónico. La globalización y la liberalización de los mercados originó fenómenos nunca antes vistos, como el crecimiento económico sin precedentes experimentado por las economías emergentes de

Asia, que se dio en llamar "el milagro asiático" (Stiglitz, 1996; Nelson y Pack, 1999). Las nuevas tecnologías y los nuevos métodos económicos utilizados por el superorganismo global prometieron erradicar la pobreza del mundo.

Pero la inestabilidad del naciente supercerebro global, todavía inmaduro, consistente en los seres humanos interconectados con acceso a los datos globales, los portales de Internet actuando como una suerte de "ganglios" o condensaciones neurales, y los mercados liberalizados permitiendo el flujo de energía entre los subsistemas cooperadores (naciones), pronto se hizo evidente. Las explosiones de las burbujas económicas especulativas comenzaron a afectar no sólo a las economías locales, sino que se extendieron epidémicamente de un país a otro. En el mundo globalizado, una recesión provoca una pérdida de confianza que viaja por la red como una onda, sin reconocer fronteras, paralizando las economías y produciendo inflación y desempleo, haciendo imposible el pago de las enormes deudas nacionales. Desde el comienzo de la popularización de Internet hace dos décadas, el mundo ha experimentado varias recesiones de escala regional o global. Estas recesiones, son expresión de una criticalidad auto-organizada actuando a nivel global (Stiglitz, 2000; Ormerod y Heineike, 2009; Imbs, 2010).

No sólo las economías legalmente establecidas se han globalizado, sino también aquellas que son parte del crimen organizado. El narcotráfico internacional y otros grupos criminales se están convirtiendo en poderosas empresas transnacionales que llevan violencia a muchos países (Morselli, 2011). Por otro lado, las diferencias genéticas, culturales y educativas entre las personas dentro y entre poblaciones, han determinado la aparición de individuos que se adaptan muy bien a la era de cambios rápidos de la economía global, lo que les permite aumentar astronómicamente sus fortunas de la noche a la mañana agravando el desequilibrio de la riqueza que, como se ha demostrado, es por sí mismo la causa fundamental de la mayoría de los problemas sociales (Wilkinson y Pickett, 2011). Estos problemas no son nuevos, pero la globalización les ha dado un nuevo impulso.

El superorganismo global

Además de la economía mundial y las enfermedades globales, el supercerebro global ha dado una extraordinaria muestra de su existencia. Quizá no hay mejor prueba de la emergencia de una superconsciencia global como la defensa montada contra los intentos de silenciar al supercerebro. En 2011 el Congreso de EE.UU propuso un proyecto de ley para penalizar aquellas empresas de Internet que infringieran los derechos de autor. A pesar de ser una ley nacional local, afectaba la libertad de la que goza el internet en todo el mundo, por lo que el superorganismo global interpretó SOPA (*Stop On-line Piracy Act*) como una seria amenaza a su libertad y su existencia, y a través de centros neurales mayores como Google, Wikipedia y otros portales importantes, organizó su autodefensa consistente en una protesta global sin precedentes. Las compañías farmacéuticas, empresas de comunicación, la *Motion Picture Association of America* y otros partidarios de SOPA, así como los burócratas promotores, fueron objeto de un boicot que incluyó ataques de denegación de servicio y la firma de innumerables peticiones de los votantes estadounidenses y ciudadanos de todos los países del mundo. Otros mecanismos de defensa incluyeron apagones de los portales (*blackouts*) y una manifestación celebrada en la ciudad de Nueva York (Sell, 2013). Ya no es una cuestión de opinión personal, sino de la respuesta armónica del superorganismo global, que ya cuenta con su propia agenda. No hay necesidad de decir que SOPA nunca vio la luz.

Además del desarrollo de mecanismos de defensa más potentes y sofisticados, es muy probable que el futuro cerebro global poco a poco evolucione para ser capaz de amortiguar y controlar las inestabilidades económicas, adquiriendo resiliencia y disminuyendo el potencial impacto global derivado del desplome de cualquier economía local. También es posible que la nueva inteligencia colectiva emergente ofrezca soluciones creativas para ayudar a minimizar la desigualdad social mundial, el azote de la delincuencia, y otras enfermedades globales.

El verdadero supercerebro mundial futuro seguirá evolucionando en complejidad hasta controlar automáticamente todas las transacciones entre naciones. En el futuro, cada metrópolis (o estado según el caso) del mundo globalizado se especializará en la producción de uno o unos pocos productos que se exportarán al resto del mundo, aumentando la interdependencia entre las naciones. Como las células, las ciudades serán entidades autónomas con respecto a las actividades simples de mantenimiento, servicio y limpieza, pero al mismo tiempo se verán cada vez más simplificadas a medida que el número de nichos de producción especializada dentro de ellas disminuya. En los sistemas económicos, el supercerebro mundial regulará las cantidades producidas para satisfacer exactamente la demanda, es decir, en tiempo real, pero haciendo proyecciones a largo plazo; controlará o liberará los precios de los productos de acuerdo a la conveniencia de los mercados; hará correcciones encaminadas a evitar las recesiones y la desigualdad extrema entre los ciudadanos; construirá la confianza derivada del conocimiento exacto de los valores de los parámetros económicos en tiempo real y sus estimaciones futuras; y cambiará automáticamente de un modelo de austeridad y enlentecimiento económico a un modelo de inversión agresiva y alto endeudamiento y viceversa, según la conveniencia.

El enorme Supercerebro global no sólo controlará la economía mundial, sino todo tipo de parámetros. Permitirá la participación activa de los ciudadanos en sus gobiernos en tiempo real, en la gestión de asuntos de diversa índole tal como se comienza a vislumbrar (Lee, 2013), desde el ámbito científico al político —

como por ejemplo, sustituirá la democracia representativa por una mucho más participativa que canalice adecuadamente la inteligencia colectiva emergente. A través de diversos tipos de dispositivos portados por las personas y los vehículos e instalados en todo el mundo, como si se tratara de un colosal sistema sensorial, evaluará el clima global, vigilará la salud pública y tomará medidas en caso de epidemias, observará los cielos en busca de asteroides y otras amenazas, y planificará y controlará el tráfico aéreo global, monitorizará las fuentes de agua, controlará el abastecimiento energético de las ciudades, y mucho más. Se encargará de todos los aspectos de la humanidad en los que actualmente consumimos una gran cantidad de inteligencia, tiempo y otros recursos importantes, pero también será capaz de tomar decisiones creativas. Por supuesto, el desarrollo del Supercerebro Global llevará consigo nuevas inestabilidades y externalidades, nuevas enfermedades del superorganismo global, como ocurre con todos los niveles de complejidad.

Es difícil imaginar el supercerebro global en etapas más avanzadas de evolución, y todas las fantásticas propiedades emergentes que exhibiría. Es posible que desarrolle un tipo de autoconciencia y personalidad que se encuentren muy por encima de nuestra escala humana de espacio y tiempo. No podríamos percibir esa inteligencia superior, o comunicarnos con ella, por lo menos en la misma forma en que nos comunicamos entre nosotros. También es posible que tenga una especie de libre albedrío. Aunque seríamos parte integral (pero pequeña) de la inteligencia global, esta nos trascendería de la misma manera en que nuestro YO trasciende cada una de las neuronas que forman nuestro cerebro.

Quién sabe cuánto tiempo le tomaría a la red evolucionar a un tipo de supermente así, pero una cosa es cierta: un cerebro no tiene sentido sin su interacción con otros cerebros. Para esos tiempos, los seres humanos habremos conquistado otros planetas y hablaremos acerca de comunidades de planetas. Puede ser que para entonces ya hayamos descubierto nuevas formas de comunicación (tal vez más rápidas que la luz, eliminando la restricción del paradigma relativista descrito en Einstein, 1905) y de transporte. No hay que preocuparse demasiado acerca de los problemas técnicos. La planificación y construcción de veloces naves espaciales serán pequeños detalles para el poderoso cerebro terrestre.

¿Cuándo se detendrá esta tendencia hacia la complejidad? No se detendrá. Si no tenemos éxito, si los seres humanos finalmente terminamos destruyendo nuestro entorno, y con él, a nosotros mismos, y si estuviéramos condenados a la autoaniquilación, tarde o temprano emergerá otra especie. Tal vez los descendientes de algún delfín, murciélago, insecto eusocial, o incluso de alguna humilde y asustadiza lagartija. Es la vida contra la muerte, la creación contra la destrucción, es la exuberante capacidad de los sistemas vivos de expandirse indefinidamente dados el tiempo y los recursos energéticos necesarios, en contra de la destrucción y la aniquilación final: la muerte térmica del universo.

Pero de nuevo, es posible que la semilla de la vida ya haya sido plantada en otros mundos, tal vez muchos. Por lo menos en algunos la civilización pudo haber surgido, y con ella, los viajes interplanetarios. El encuentro de dos civilizaciones interplanetarias podría ser un evento catastrófico, o tal vez a causa de su alto desarrollo tecnológico habrían hace tiempo dominado la evolución hacia la complejidad y aprendido a apreciar la vida, y así, prefirieran cooperar e inducir simbiosis. El encuentro de dos mundos inteligentes originaría algo nuevo, con nuevas propiedades emergentes. Pero, ¿quién sabe? ¿Existirá la posibilidad de que tal encuentro ya haya tenido lugar en nuestro mundo y que la sociedad moderna haya surgido con la ayuda de una raza de gigantes viajeros espaciales? No lo sé.

Lo que sí sé es que en algún futuro lejano el universo cobrará vida, después de pasados muchos eones y de haber sembrado de organismos unicelulares, de sociedades complejas y de superorganismos planetarios todos los rincones del cosmos; habrá llegado entonces, y sólo entonces, el tiempo del Superorganismo Universal.

Literatura citada

Adler MA (2013). The ALA Task Force on Gay Liberation: Effecting Change in Naming and Classification of GLBTQ Subjects. Advances in Classification Research Online, 23(1):1-4.

Bamshad MJ, Wooding S, Watkins WS, Ostler CT, Batzer MA y col. (2003). Human population genetic structure and inference of group membership. The American Journal of Human Genetics. 72(3):578-589.

Basu A, Mukherjee N, Roy S, Sengupta S, Banerjee S y col. (2003). Ethnic India: a genomic view, with special reference to peopling and structure. Genome research. 13(10):2277-2290.

Bekaert G, Harvey CR, Lundblad CT (2003). Equity market liberalization in emerging markets. Journal of Financial Research. 26(3):275-299.

Einstein A (1905). On the electrodynamics of moving bodies. Annalen der Physik. 17(891):50.

Galor O (2005). The demographic transition and the emergence of sustained economic growth. Journal of the European Economic Association. 3(2–3):494–504.

Galor O, Weil DN (2000). Population, technology, and growth: From Malthusian stagnation to the demographic transition and beyond. The American Economic Review. 90(4):806–828.

Hartfield M, Keightley PD (2012). Current hypotheses for the evolution of sex and recombination. Integrative Zoology. 7(2):192-209.

He J, Deem MW (2010). Structure and response in the world trade network. Physical review letters. 105(19):198701.

Holsinger KE, Weir BS (2009). Genetics in geographically structured populations: defining, estimating and interpreting FST. Nature Reviews Genetics. 10(9):639-650.

Huxley A. (1998). Brave New World. 1932. London: Vintage.

Imbs J (2010). The first global recession in decades. IMF economic review. 58(2):327-354.

Jiang X, Hu S, Xu Q, Chang Y, Tao S (2013). Relative effects of segregation and recombination on the evolution of sex in finite diploid populations. Heredity. In Print

Kondrashov AS (1988). Deleterious mutations and the evolution of sexual reproduction. Nature. 336:435–440.

Lee N (2013). E-Government and E-Activism. In: Facebook Nation (pp. 115-146). New York: Springer.

Lovelock J (2003). Gaia: the living Earth. Nature. 426(6968): 769-770.

Merzenich H, Zeeb H, Blettner M (2010). Decreasing sperm quality: a global problem?. BMC Public Health. 10(1):24.

Morselli C, Turcotte M, Tenti V (2011). The mobility of criminal groups. Global Crime. 12(3):165-188.

Nelson RR, Pack H (1999). The Asian miracle and modern growth theory. The Economic Journal. 109(457):416-436.

Nicolaou N, Shane S (2010). Entrepreneurship and occupational choice: Genetic and environmental influences. Journal of Economic Behavior & Organization. 76(1):3-14.

Ormerod P, Heineike A (2009). Global recessions as a cascade phenomenon with interacting agents. Journal of Economic Interaction and Coordination. 4(1):15-26.

Saver JL (2006). Time is brain—quantified. Stroke. 37(1):263-266.

Sell SK (2013). Revenge of the "Nerds": Collective Action against Intellectual Property Maximalism in the Global Information Age. International Studies Review. En Imprenta.

Stiglitz JE (1996). Some lessons from the East Asian miracle. The World Bank research observer. 11(2):151-177.

Wilkinson RG, Pickett K (2011). The spirit level. Bloomsbury Press.

Reseña Biográfica del Autor

Edwin Francisco Herrera Paz Nació en la Ciudad de San Pedro Sula, Honduras, el 4 de octubre de 1966. Se graduó de Médico y Cirujano en la Universidad Nacional Autónoma de Honduras y de Master en Genética Humana en la Universidad Nacional de Colombia. Es experto en Genética Forense y de poblaciones humanas habiendo recibido entrenamiento en el Instituto Nacional de Medicina Legal y Ciencias Forenses de Colombia. A los 16 años de edad ganó el Concurso Nacional Intercolegial de Cuento, auspiciado por el Instituto Hondureño de Cultura Hispánica. En 2003 ganó el Concurso Nacional de Ciencia y Tecnología patrocinado por la Presidencia de la República de Honduras y la Organización Mundial de la Propiedad Intelectual (OMPI). Actualmente es Profesor de genética, fisiología e inmunología de la Facultad de Medicina de la Universidad Católica de Honduras. Es consultor internacional para la Universidad de Johns Hopkins, en Baltimore, Maryland. Ha publicado diversos artículos sobre la genética de las poblaciones Hondureñas en las mejores revistas científicas del mundo.

www.ingramcontent.com/pod-product-compliance
Lightning Source LLC
Chambersburg PA
CBHW021429170526
45164CB00001B/158